母乳喂养 2-31

 辅食添加 33-39

 儿童营养 40-61

 安全用药 62-145

 体检清单 147-155

 疫苗清单 157-163

哺乳工具

◎ 必选工具 5

◎ 可选工具 6

乳房问题解决方案

◎ 堵奶 7

◎ 涨奶 9

◎ 乳腺炎 11

◎ 乳头皲裂 13

◎ 乳房下垂 14

吃奶问题解决方案

◎ 乳头混淆 - 乳头错觉 16

◎ 乳头混淆 - 流速混淆 17

◎ 乳头混淆 - 抗拒乳房 18

◎ 吐奶 19

◎ 呛奶 19

◎ 胃肠胀气 20

◎ 厌奶 22

◎ 黄疸 23

母乳喂养

奶水不足解决方案
- ◎ 追奶 24
- ◎ 早期母婴分离维持奶量 26
- ◎ 补充喂养 27

哺乳期安全用药
- ◎ 感冒用药 28
- ◎ 发热用药 29
- ◎ 止咳平喘用药 29
- ◎ 胃肠用药 30
- ◎ 抗过敏用药 30
- ◎ 心血管用药 31

哺乳工具

使用时间	工具	作用	选购建议
	必选工具		
孕期+哺乳期	橄榄油、凡士林	保养乳房	任意品牌
哺乳期	吸奶器	增加乳量	电动 专业品牌 压力可调节
哺乳期	溢乳垫	吸收溢乳	吸收力强 防滑 轻薄透气
孕期+哺乳期	哺乳文胸	便于喂奶	上开口式、比孕前大两个罩杯
哺乳期	哺乳衣	保护隐私 便于喂奶	简单舒适 不要拉链 不要装饰

使用时间	工具	作用	选购建议
	可选工具		
哺乳期	哺乳枕	减少手臂劳累	记忆棉或用普通靠枕替代
哺乳期	哺乳巾	保护隐私、便于喂奶	任意品牌或用普通大围巾替代
哺乳期	床上靠枕	减少腰背劳累	记忆棉靠枕或用普通靠枕替代

乳房问题解决方案

· 堵奶 ·

解决方法一：调整宝宝的喝奶姿势

- 如果是乳房内侧堵住了，哺乳姿势可以选择摇篮式。
- 如果是乳房侧面堵住了，我们可以采用橄榄球式。
- 乳房下部是最不容易堵奶的位置，但是如果堵住了，建议使用半躺式。
- 如果是乳房上部堵住了，我们可以采用 69 式。

摇篮式
内侧堵奶

橄榄球式
外侧堵奶

半躺式
下部堵奶

69式
上部堵奶

解决方法二：自己用手挤奶疏通

- 首先，把手掌舒适地覆盖在乳房上，拇指、食指弯曲成字母C的形状放在距乳头2～3 cm处。为了使手指动作不变形，也可以把双手的拇指、食指弯曲，指尖相对摆成蝴蝶结形再放到乳房上。
- 然后，两根手指向背部方向深深压乳房，再向乳房中央轻轻加压，指腹尽量深压，但不要让自己觉得疼痛，如果觉得疼了就马上停止，调整力度。
- 最后，两根手指放松回到距乳头2～3 cm处，再次重复上述动作，一般刺激1～2分钟，乳汁就会出来了。

解决方法三：涂抹橄榄油或羊脂膏

- 在乳房白膜上涂抹一些橄榄油或羊脂膏，能盖住白膜就可以。
- 等白膜软化后，再让宝宝吸吮，会有事半功倍的效果。

解决方法四：服用解热镇痛药或冷敷

- 服用解热镇痛药，其中包括布洛芬或对乙酰氨基酚。
- 用冰袋冷敷。

误区

! **乳房按摩**

乳房按摩无法解决堵奶问题，只会让乳房更疼，如果按摩师没有精准地控制好力度，还可能损坏乳房组织。

涨奶

产后早期生理性涨奶的预防

- 早肌肤接触。
- 早吸吮。
- 早开奶。
- 按需哺乳。

背奶期涨奶

- 及时用手挤奶或用吸奶器吸出奶水。

夜间涨奶

- 用手挤奶或用吸奶器先把多余的奶吸出来,并用储奶袋存起来,放进冰箱里冷藏或冷冻。一般冷藏的奶要在 3 天内让宝宝喝掉,冷冻可以保存 3 个月。
- 奶少的妈妈,一有涨奶现象就应尽量排空乳房。
- 奶多的妈妈可以少挤出一些奶,只要乳房舒适,能继续睡着觉就可以了。

断奶期涨奶

- 憋住奶水,减少喂奶次数。
- 不能忍受疼痛的可以服用布洛芬或对乙酰氨基酚。
- 用冰袋等冷敷,每次不超过 20 分钟,一天可以敷五六次,甚至更多次。

缓解涨奶的通用小技巧

- 宝宝频繁吮吸。
- 冷敷。
- 手挤奶。
- 反式按压法。

  把食指和中指横着放在乳晕上,向背部方向按压 3~5 下,再把手指竖着放,同样按压 3~5 下。等乳晕软一些,再手挤奶或者用吸奶器吸奶,或者让宝宝吸吮。
- 服用布洛芬,每天可以服用 2~3 次。

乳腺炎

纯母乳亲喂处理方法

- 频繁哺乳。
- 妈妈得乳腺炎的时候,可能奶水的味道会偏咸,你可以用手挤奶,排出少量奶后继续哺乳,一般就没问题了。
- 让宝宝每次都从患病的一侧乳房开始吃奶,并且让孩子的下巴对着肿痛的区域吸吮。

混合喂养妈妈的处理方法

- 手挤奶。
- 避免乳房按摩。

冷敷肿胀侧乳房

- 建议每天 4 次以上,每次 15 分钟,用冰袋冷敷肿胀一侧的乳房。
- 可以用冰袋,也可以用毛巾包住冻奶袋冷敷。

服用镇痛药物

- 布洛芬和对乙酰氨基酚都是安全的哺乳期药物。
- 服用之后可以照常哺乳。

误区

问题一：得了乳腺炎，就真的不能哺乳吗？

- 可以。
- 如果你实在对颜色有顾虑，可以先用手挤出一些奶，等颜色变淡了再喂奶。

问题二：发烧 38 ℃能哺乳吗？

- 可以。
- 发烧不会使奶水变质，只要妈妈的精神和体力允许，都是可以亲自哺乳的。
- 如果是高烧虚弱不方便，可以让家人协助躺着喂。

问题三：妈妈输液吃药能哺乳吗？

- 不是绝对的。只要在哺乳期安全用药就可以哺乳，比如布洛芬就是安全的。

乳头皲裂

解决方法一：改善哺乳和含乳姿势

- "三贴一露"：宝宝的胸贴着妈妈的身体，肚子贴着妈妈的身体，下巴贴着妈妈的乳房，宝宝的鼻子要露出。另外，通过变换姿势也可以减少乳头的损伤。
- 含乳姿势：下巴对着乳晕、舌头裹住下乳晕。
- 不要把宝宝用力按在自己的身上，让宝宝用放松的姿势贴着你的身体就可以。
- 哺乳之前，深呼吸放松肌肉，宝宝是可以感受到妈妈的肌肉僵硬的，他会跟着紧张。

解决方法二：手挤奶

- 先用手挤奶，刺激乳头喷射奶水。
- 再让宝宝开始吃奶。

解决方法三：用羊脂膏滋润乳头

- 每次哺乳之后，可以在乳头上涂抹少量奶水，也可以用羊脂膏滋润乳头。
- 不推荐使用红霉素膏。

解决方法四：暂停亲喂，手挤奶维持奶量

· 乳房下垂 ·

哺乳会导致乳房下垂吗?

- 不会。
- 可以适当地预防和改善乳房下垂,但想要完全恢复之前的样子并不现实。

改善乳房下垂的 2 个动作

1 手互推

- 双腿并拢跪坐在瑜伽垫上,或者直接坐在比较硬的椅子上。
- 背挺直,感受脊柱向上延展的感觉。
- 胸椎向后,肩胛骨下沉,肩膀放松。
- 下颌微收,后脑勺向后顶,头顶心向上延展。
- 双手合十于胸前,手指张开,保持大臂和小臂成 45°的夹角,同时保持小臂尽量和肩膀同高。
- 吐气,左手推右手、右手推左手,找到力量平衡点并停留 2~3 次呼吸的时间,感受胸肌的发力。
- 吸气,双手维持原样,但放松力量,再吐气互推。
- 每次重复 20 组。

2 互推后伸展

- 双手向上，小臂和手肘靠拢，保持小臂与肩膀同高。
- 然后，双手保持互推的力量，拇指慢慢往额头靠拢。
- 碰到额头后，再慢慢往外推，停留 2~3 次呼吸的时间。
- 最后，手肘下沉，放松力量，回到手互推的第 7 步。
- 每次重复 20 组。

吃奶问题解决方案

·乳头混淆-乳头错觉·

乳头错觉的具体表现

- 每次宝宝吃完奶后,乳头就变成了像唇膏一样尖尖的形状或者被压出一道痕迹,而且妈妈没有感受到乳房被吃到软趴趴的程度。

解决方法:拇指法

- 妈妈洗干净手、剪掉长指甲。
- 用拇指轻轻地触碰宝宝的嘴唇,这时宝宝会本能地张大嘴巴。
- 顺势把手指指腹朝上放进去。
- 当宝宝舔完指甲盖,把手指转一个方向,从指腹朝上变为指腹朝下,然后轻轻地压着宝宝的舌头往外划出。
- 每一次吸奶前,重复以上 4 步吸吮练习,持续 2~3 分钟,让宝宝把舌头伸出来,再喂奶。

小贴士

- 妈妈注意不要把手指放得太深,这样容易引起宝宝干呕,也不要勉强宝宝吸吮手指,引起宝宝反抗。
- 当妈妈感觉到宝宝吸吮手指时,舌头已经可以自然地伸长,就可以减少练习的次数。

一 · 乳头混淆 – 流速混淆

流速混淆的具体表现

- 宝宝吃了一小会儿就没耐心了,要么生气,要么干脆睡着,还会表现出扯乳头、烦躁、大哭的情况。

解决方法一:挤压法

- 手呈C字形握住乳房,然后挤压乳房,力度以你感到舒适为宜。与此同时,你还可以身体前倾,借重力作用来增加奶水流速。

解决方法二:乳旁加奶法

- 用乳旁加奶工具哺乳时,宝宝同时含住乳房和乳旁加奶的细管。当宝宝对流速不满意的时候,打开连着奶瓶的夹子,让奶水从瓶子里流出来;当宝宝对流速满意的时候,关闭夹子。

· 乳头混淆 – 抗拒乳房 ·

抗拒乳房的具体表现

- 宝宝更喜欢奶瓶，不喜欢妈妈的乳房，甚至抗拒妈妈的乳房。

解决方法：重新进行肌肤接触

- 妈妈和宝宝到一个安静、舒服、没有人打扰的环境中。
- 妈妈想象你和宝宝回到了他刚出生的时候，回顾那种激动和欣喜。
- 让宝宝在你的身上和你亲密地进行肌肤接触，让宝宝成为主导，你只是在一旁耐心地引导。
- 让宝宝慢慢地、自然而然地自主含乳。
- 如果一次没有成功，也不要着急，多来几次，慢慢地，他就会重新愿意含乳、吃奶。

吐奶

判断：生理性吐奶 vs 病理性吐奶

- 生理性吐奶：宝宝吐完的精神状态好，愿意互动，晚上睡觉安稳。
- 病理性吐奶：宝宝吐完的精神状态不好，平躺时出现皱眉、恶心、咳嗽等状况。

生理性吐奶应对方法

- 喂奶时让宝宝的屁股低于胃。

病理性吐奶应对方法

- 带宝宝去医院。

呛奶

预防呛奶的方法一：半躺式哺乳

- 采用半躺式哺乳，借着重力的作用，让奶的流速慢下来。

预防呛奶的方法二：手夹乳房

- 当感觉到乳房酥酥麻麻地来奶阵，宝宝开始大口大口吃的时候，就可以用手夹住乳房，避免奶量在短时间内喷出。

·胃肠胀气·

预防方法一：避免宝宝吞入过多空气

- 避免在宝宝哭闹的时候喂奶。
- 注意宝宝的含乳姿势，应该是深含乳。
- 用奶瓶喂养时，注意泡奶的时候减少摇晃。
- 用奶瓶喂养时，确保奶嘴部位是充满奶而没有空气的。

预防方法二：妈妈可能需要避免某类食物

- 可能的易产气食物：乳制品、豆制品、西蓝花、芦笋、面食、土豆等。
- 注意，没必要为了预防宝宝胃肠胀气就不吃东西，而是吃后注意观察宝宝的状况。

应对方法一：帮宝宝做排气操

- 让宝宝平躺。
- 手轻轻地拉起宝宝的双腿。
- 让宝宝模仿蹬自行车的样子，双腿轮流一前一后摆动。

应对方法二：飞机抱和背巾

- 飞机抱示意图

- 用背巾把宝宝抱在前面，让宝宝的肚子贴紧你的身体，腿呈 M 形放在两边。

应对方法三：用西甲硅油

- 如果宝宝服用了西甲硅油 1 周之后还没有改善，就需要向儿科医生咨询解决办法。
- 不要使用中成药或益生菌。

小贴士

- 拍嗝对于缓解胃肠胀气的用处不大。

—· 厌奶 ·—

判断：假厌奶 vs. 真厌奶

- 假厌奶：宝宝吃完奶心情好、生长发育正常，通常发生在宝宝 4 个月时，表现得似乎没有以前那么爱吃奶了。
- 真厌奶：宝宝吃完奶情绪不好、明显没吃饱、体重变轻。

真厌奶的五个原因和解决方法

原因一：妈妈的奶水少

- 先追奶。
- 如果不行，再补充喂养。

原因二：奶水味道改变

- 妈妈更换食物或药物。
- 在喂奶前，先挤出一些，再让宝宝吮吸。

原因三：妈妈的身体气味改变

- 不要喷香水。
- 沐浴液要用味道淡的。

原因四：宝宝吃奶遇到问题

- 纠正衔乳姿势。
- 解决乳头混淆等问题。

原因五：宝宝就是不爱吃奶

- 多带宝宝运动，让他感到饥饿。
- 按需喂养，宝宝想吃再给，不想吃就不要强迫。

- 允许宝宝某一顿少吃一点儿，允许他某一次只吃几口，允许他夜间多吃一点儿，允许他有时候觉得玩比吃重要。
- 给宝宝创造安静的吃奶环境。

·黄疸·

判断：生理性黄疸 vs. 病理性黄疸

- 生理性黄疸：需儿科医生判断。
- 病理性黄疸：需儿科医生判断，需就医。

生理性黄疸 – 喂养不足型黄疸

- 多发生于产后第 1 周。
- 多让宝宝吸吮，保证每天 8~12 次。
- 不要停母乳，谨慎喝奶粉。

生理性黄疸 – 母乳性黄疸

- 轻者不要停母乳，要频繁喂养。
- 重者先停母乳 3 天，如未好转，则需照蓝光，同时恢复母乳喂养。

小贴士

- 不要喝水或葡萄糖。
- 不要晒太阳。
- 不要注射或口服茵栀黄。
- 不要用民间偏方。

奶水不足解决方案

―・ 追奶 ・―

解决方法一：多亲喂

- 每天 8 ~ 12 次哺乳。
- 宝宝的身体呈一条直线,紧贴妈妈。
- 宝宝的下巴贴着乳房,舌头裹住乳晕下方。

解决方法二：使用吸奶器

- 先用刺激模式,再切换成吸吮模式。
- 每次每边乳房8分钟。
- 奶水喷射2次后,休息1个小时以上。
- 使用吸奶器的同时轻轻按压乳房。
- 吸完后,再用手挤奶 3 ~ 5 分钟,帮助奶水排出。

解决方法三：缓慢减少配方奶

- 第一天减 10ml。
- 接下去根据宝宝心情,每天减 10 ~ 30ml,减量不超过 50ml。

▍小贴士

- 选择追奶前,先判断宝宝的大小便量和体重是否达标,如果达标,则无须追奶。
- 月子酒、喝浓汤、请催奶师都不利于追奶。

·早期母婴分离维持奶量·

解决方法一：尽早安排吸奶

- 产后1个小时最佳，最晚不晚于产后6个小时。
- 使用医用吸奶器或手挤奶。
- 每天 8～12 次挤奶频率，夜间至少1次。
- 用完吸奶器之后再用手挤奶 3～5 分钟，增加乳房排空度。
- 产后头 3 天主要是为了模仿宝宝的吃奶行为。
- 产后第 4 天开始关注奶量，每天 500～1000ml。
- 注意挤奶频率和次数，不要漏挤或太长时间不挤。

解决方法二：把奶水送给宝宝

- 了解医院对于接收母乳的政策。
- 优先选择冷藏奶水。
- 在储奶袋上写好奶水被挤出的时间。
- 前一天的奶水，第二天要一次性送到医院。

· 补充喂养 ·

喂什么？

- 首选自己挤出的母乳。
- 其次选同月龄的他人健康母乳。
- 最后选配方奶。

喂多少？

- 1~6个月大的宝宝，每天所需奶量是 800~1 000ml。
- 如果宝宝吃过母乳，建议每次先从 60ml 开始冲泡奶粉，观察宝宝能否吃饱。

怎么喂？

- 少量多次。
- 最好白天补喂，晚上亲喂。

用什么喂？

- 优先选择乳旁加奶器，其次选择奶瓶。
- 模仿乳头选择奶瓶：选宽口 SS 奶嘴。
- 模仿哺乳姿势：宝宝坐直，奶瓶放平。
- 模仿乳房出奶频率：喂一会儿，休息一会儿，再喂。

哺乳期安全用药

·感冒用药·

感冒用药

抗生素类

1. 头孢类：头孢拉定、头孢呋辛、头孢地尼。
2. 大环内酯类：阿奇霉素、红霉素、克拉霉素。
3. 青霉素类：阿莫西林、双氧西林、氨苄西林。

抗病毒类

阿昔洛韦、奥司他韦、伐昔洛韦。

哺乳期不推荐用药

抗生素类

1. 氟喹诺酮类：诺氟沙星、氧氟沙星、环丙沙星。
2. 氨基糖苷类：庆大霉素、依替米星、阿米卡星。
3. 硝基咪唑类：甲硝唑、替硝唑、奥硝唑。
4. 四环素类抗生素：四环素、金霉素、多西环素。

抗病毒类

利巴韦林。

复合制剂

康必得、白加黑、百服宁、快克、泰诺。

发热用药

哺乳期安全用药

1. 布洛芬。
2. 对乙酰氨基酚（扑热息痛、泰诺林）。
3. 双氯芬酸钠（扶他林）。
4. 阿司匹林：服药后 1~2 个小时再哺乳。

止咳平喘用药

哺乳期安全用药

1. 布地奈德。
2. 右美沙芬。
3. 特布他林。

哺乳期不推荐用药

1. 含可待因的止咳药。
2. 茶碱。
3. 伪麻黄碱。

一、胃肠用药

哺乳期安全用药

1. 奥美拉唑。
2. 多潘立酮(吗丁啉)。
3. 硫酸镁。
4. 蒙脱石散(思密达)。

哺乳期不推荐用药

1. 阿托品。
2. 复方磺胺甲噁唑。

抗过敏用药

哺乳期安全用药

1. 氯雷他定(开瑞坦)、西替利嗪(仙特明)。
2. 强的松、氢化可的松、甲强龙。

哺乳期不推荐用药

1. 苯海拉明、氯苯那敏(扑尔敏)。
2. 地塞米松。

心血管用药

哺乳期安全用药

1. 螺内酯（安体舒通）。
2. 普萘洛尔（心得安）。
3. 卡托普利（开博通）。
4. 硝苯地平（心痛定）。

哺乳期不推荐用药

1. 硝普钠。
2. 厄贝沙坦（安博维）。
3. 美托洛尔（倍他乐克）。

本手册仅供参考，具体哺乳期用药请咨询医生。

辅食添加

4~6月龄辅食添加一览　35
7~9月龄辅食添加一览　36
10~12月龄辅食添加一览　37
13~24月龄辅食添加一览　38
辅食添加注意事项　39

4~6月龄辅食添加一览

- 年龄：4~6月龄。
- 每日奶量：保证600~800ml母乳/配方奶，每天喝4~6次。
- 辅食吃法：泥糊状食物。
- 辅食次数：1~2次。

Fe 关键词：补铁

出生4~6个月后，宝宝体内的铁储备量逐渐不足，容易缺铁。

优先添加含强化铁的婴儿米粉、红肉泥、动物肝泥。

其他可以添加的食物

P.S. 一次只添加一种，持续2~3天，观察后没有过敏症状，再添加新种类。

蔬菜：泥状的红薯、南瓜、土豆、西蓝花等。
水果：泥状的苹果、香蕉、梨等。

7~9月龄辅食添加一览

- 年龄：7~9月龄。
- 每日奶量：保证600~800ml母乳/配方奶，每天喝4~6次。
- 辅食吃法：颗粒状、碎末状食物。
- 辅食次数：2~3次。

 关键词：锻炼咀嚼能力

这个时期的孩子需要开始练习咀嚼，家长需要逐渐给孩子提供颗粒状的食物。

颗粒由小变大、由软变硬，增加咀嚼难度。

食物推荐

主食：厚粥、软饭、烂面等。
蔬菜：切碎的胡萝卜、青菜、菠菜、南瓜、西蓝花等。
水果：小粒的苹果、梨、香蕉、木瓜等。
肉禽蛋类：鸡肉蓉、鱼蓉、虾蓉、豆腐末、豌豆末、全蛋末等。

10~12月龄辅食添加一览

- 年龄：10~12月龄。
- 每日奶量：保证600 ml 母乳/配方奶，每天喝3~4次。
- 辅食吃法：碎末状、丁块状。
- 辅食次数：2~3次。

 关键词：尝试手指食物

孩子到了自主进食的黄金期，手指食物能锻炼孩子的抓握能力，帮助宝宝养成自主进食的好习惯。

从较软的食材开始尝试，如香蕉块、南瓜块等。

根据宝宝的咀嚼能力，可以逐渐尝试黄瓜条、鸡肉块等需要咀嚼的小块状食物。

食物推荐

主食：小馄饨、软饭、馒头片、面包片等。

蔬菜：煮软烂的豌豆、西葫芦、芹菜等。

水果：小粒草莓、猕猴桃、火龙果等。

肉禽蛋类：鱼片、豆腐、白煮蛋、虾仁等。

13~24月龄辅食添加一览

- **年龄**：13~24月龄。
- **每日奶量**：保证400~500 mL母乳/配方奶/鲜奶/酸奶。
- **辅食吃法**：用辅食剪处理成适合孩子咀嚼能力的食材大小。
- **辅食次数**：每天保证三餐和两顿点心。

 关键词：注意清淡饮食

食物推荐

每天保证：
- 1个鸡蛋。
- 50~75 g鱼禽肉。
- 50~100 g谷物、蔬菜、水果。

辅食添加注意事项

一定要做的事

- **维生素 D 是唯一必须补充的维生素**

  单纯的 VD 制剂优于 AD 合剂,每天 400 IU,保证营养。

  推荐品牌:Ostelin、Ddrops、星鲨。

- **补铁,食补比补充剂更重要**

  添加辅食后,保证每天摄入:
  - 25～30g 高铁米粉。
  - 50g 红肉。
  - 一周食用 1～2 次动物内脏(每周不超过 50g)。
  - 多吃富含维生素 C 的蔬菜,如大白菜、西蓝花(促进铁的吸收)。

不要做的事

- 1 岁以内饮食不加盐、味精、儿童酱油等其他调味料,因为过量的钠会增加孩子的肾脏负担。
- 1 岁以内不加蜂蜜,其中含有肉毒杆菌芽孢,容易造成孩子食物中毒。
- 1 岁以内不给孩子喝果汁。直接吃水果更健康。
- 米汤、煮菜水不仅占胃容量,还没营养,不宜作为辅食。

6 种营养素的补充方法

◎ 维生素 D　43

◎ 钙　44

◎ DHA　45

◎ 铁　46

◎ 锌　47

7 种日常食材的辅食添加方法

◎ 肉　49

◎ 鸡蛋　51

◎ 鱼　52

◎ 食用油　53

◎ 水　54

◎ 水果　55

◎ 蔬菜　57

儿童营养

4 个阶段的辅食推荐

◎ 6～7 月龄　　58

◎ 8～9 月龄　　59

◎ 10～12 月龄　　60

◎ 13～24 月龄　　61

6 种营养素的补充方法

维生素 D

补充原则

足月宝宝从出生 2 周起,每天要补 400 IU 维生素 D。
维生素 D 补充剂是最安全便捷的选择。
优先选择单独 D3 补充剂。

补充方法

挑选合适的维生素 D 补充剂。
从准确性来说,软胶囊好;从便利性来看,滴剂更方便。

软胶囊

一粒 400 IU,适合喝母乳的宝宝。

品牌推荐: 星鲨、悦而软胶囊。

滴剂

一粒 400 IU,适合喝母乳的宝宝。

品牌推荐: Ddrops、童年时光有机版 D3、Carlson Labs D3、伟博天然。

滴管

适合需要精确计算维生素 D 摄入量的喝奶粉的宝宝。

品牌推荐: Ostelin、童年时光普通版 D3。

咀嚼型糖果

适合 2 岁以上的孩子。

品牌推荐: 丽贵小熊、佳思敏维生素 D 软糖。

钙

补充原则

奶是婴幼儿主要的钙来源。
保证奶量、合理补充维生素 D,就能保证宝宝的钙需求。

补充方法

0~6 个月

钙适宜量: 200 mg。

奶推荐量: 每天 700 ml 以上母乳 / 配方奶。

7~12 个月

钙适宜量: 250 mg。

奶推荐量: 每天 600~800 ml 母乳 / 配方奶。

增加高钙食物
豆类和豆制品:大豆、黑豆、豆腐、腐竹等。
深色蔬菜:小油菜、菠菜、芥蓝、西蓝花等。
芝麻酱:如果宝宝对坚果不过敏,也可加自制芝麻酱。
食谱:豆腐鸡肉泥、黑芝麻鸡蛋饼、菠菜鸡蛋糕。

1~3 岁

钙适宜量: 600 mg。

奶推荐量: 每天 400~500 ml 奶 / 奶制品。

增加高钙食物
奶制品:母乳、配方奶、牛奶、酸奶、原制奶酪等。
豆类和豆制品:大豆、黑豆、豆腐、腐竹等。
深色蔬菜:小油菜、菠菜、芥蓝、西蓝花等。
芝麻酱:如果宝宝对坚果不过敏,也可加自制芝麻酱。
食谱:虾仁油菜面、紫菜奶酪饭团、番茄肉糜芝士焗饭。

DHA

补充原则

母乳是宝宝最好的 DHA 来源。
3 岁以内的宝宝每天摄入量不少于 100 mg。
来源包括母乳、饮食或补充剂。

补充方法

饮食

母乳喂养

妈妈饮食：每周吃鱼 2~3 次，且有 1 次为富脂海产鱼，或保证每天摄入 200mg DHA 补充剂。
宝宝奶量：保证奶量，从乳汁中获得足够的 DHA。

配方奶喂养

宝宝奶量：选择含DHA的配方奶，如果奶粉中不含 DHA 或 DHA 含量不够，可通过补充剂补足。

添加辅食

奶量：每天 600~800 ml 母乳/配方奶。
鸡蛋：每天 1 个。
海产品：每周吃 2~3 次。
海鱼：秋刀鱼、三文鱼、银鳕鱼。
淡水鱼：黑鱼、鲫鱼、鲑鱼、鲈鱼。
其他食物：虾、蟹、贝类、墨鱼、海带、紫菜、裙带菜等。
植物油：亚麻籽油、紫苏油、核桃油。
食谱：清蒸银鳕鱼、紫菜虾仁小馄饨、香菇蟹肉饼。

DHA 补充剂

剂量

孕期/哺乳期妈妈：每粒 200 mg 的补充剂。
3 岁以内的宝宝：单位剂量 100 mg 的补充剂。

成分（针对宝宝）

优先选择不含 EPA（二十碳五烯酸）的藻类产品。
还可选择 DHA 含量比 EPA 高的鱼油。

品牌（针对宝宝）

软胶囊：Life's DHA、Bioisland 藻油（婴幼儿）、纽曼斯（婴幼儿）、乐佳善优 DHA 藻油、家得路 DHA、英吉利 DHA 藻油。
滴剂：童年时光、挪威小鱼 DHA 滴剂。

铁

补充原则

0~4 月龄足月宝宝，任何喂养方式都无须补铁。
美国儿科学会建议——宝宝4月龄即可开始补铁，有效预防缺铁性贫血。

补充方法

吃辅食前

母乳喂养/混合喂养
铁推荐量：每天 1 mg/kg 的铁元素。

配方奶喂养
保证配方奶中铁含量高（4~12 mg/100 g）。
保证奶量即可。

吃辅食后

铁推荐量：每天 10 mg/kg。

母乳喂养
高铁米粉
25~30 g/天。
富铁食物
红肉：每天 50 g，牛肉、猪肉、羊肉等。
动物肝脏：每周吃 1~2 次。
各种豆类
黄豆、黑豆、青豆、红豆、豌豆等。

配方奶喂养
如有其他富铁食物来源，也可不吃高铁米粉。
红肉：每天 50 g，牛肉、猪肉、羊肉等。
动物肝脏：每周吃 1~2 次。
各种豆类：黄豆、黑豆、青豆、红豆、豌豆等。

食谱
自制猪肉松、牛肉土豆泥、鸡肝豌豆炒饭。

锌

补充原则

绝大多数中国宝宝不缺锌。
保证正常进食就能满足锌需求。

补充方法

0~6 月龄

推荐量： 每天 2 mg。

来源： 母乳 / 配方奶。

6~12 月龄

推荐量： 每天 3.5 mg。

来源： 母乳 / 配方奶，1 个鸡蛋，50 g 红肉。

食谱： 番茄猪肝泥、芹菜干贝粥、肉糜炖蛋、香菇虾仁小馄饨、蘑菇炒蛋。

1 岁以后

推荐量： 每天 4 mg。

来源： 母乳 / 配方奶，1 个鸡蛋，50~75g 红肉，多吃坚果和海产品（生蚝、鲈鱼、蛤蜊、扇贝等）。

食谱： 蛤蜊炖蛋、干贝西蓝花炒饭、牛肉菌菇焖饭、黑芝麻糊。

特殊情况

需要补锌的 4 种宝宝

总是腹泻的宝宝。
挑食偏食的宝宝（偏爱喝粥，不吃荤菜）。
服用铁剂钙剂的宝宝。
被动吸烟的宝宝。

浓度（以腹泻为例）

每 5 ml 含锌元素 10~20 mg 的锌剂。

剂量（以腹泻为例）

6 月龄以内： 每天 10 mg 锌元素，连续 10～14 天。

6 月龄以上： 每天 20 mg 锌元素，连续 10～14 天。

7 种日常食材的辅食添加方法

肉

营养补充

铁

推荐部位

腿肉、里脊

添加时间

4~6 个月大，添加辅食后即可添加。

添加方法

6~8 月龄

推荐量： 每天 20~30 g。

推荐吃法： 加水打成肉泥。

烹饪方法： 清蒸、水煮、炖煮。

食谱： 牛肉土豆泥、玉米猪肉泥、胡萝卜羊肉泥。

8~10 月龄

推荐量： 每天 50 g（一巴掌大小）。

推荐吃法： 碎肉末和小肉丁，锻炼咀嚼能力。

烹饪方法： 清蒸、水煮、炖煮。

食谱： 肉糜炖蛋、冬瓜蒸肉、番茄肉末面。

10~12 月龄

推荐量： 每天 50 g（一巴掌大小）。

推荐吃法： 大肉丁、肉丝、混合食物。

烹饪方法： 清蒸、水煮、炖煮、快炒。

食谱： 牛肉香菇小馄饨、鸡肉玉米肠、花菜炒肉丝。

12月以上

推荐量： 每天 50~75 g。

推荐吃法： 小块、好嚼。

烹饪方法： 清蒸、水煮、快炒、煎烤。

食谱： 香烤小羊腿、秋葵牛肉盖饭、香菇滑鸡面。

鸡蛋

营养补充

核黄素、卵磷脂、维生素 A

添加时间

4~6 个月大,添加辅食后即可添加。

添加方法

优先保证宝宝铁的摄入。
先尝试吃蛋黄,如果没有不舒服,即可吃蛋白。
保证每天吃 1 个鸡蛋。

烹饪技巧

推荐做法

白煮蛋、煎蛋、蛋羹、炒蛋均可,各种做法差异不大。

禁忌

不要给宝宝吃溏心蛋。

食谱

蔬菜肉末蛋饼、番茄鸡蛋意面、黑芝麻鸡蛋卷、奶酪炒蛋。

鱼

营养补充

优质蛋白、钙、磷、碘、维生素 D、维生素 B12。

推荐鱼类

低汞、少刺、含有 DHA。

添加时间

在保证含铁辅食的基础上添加。

添加方法

次数： 每周 2~3 次。

推荐： 三文鱼、鳕鱼、带鱼、黄鱼、鲈鱼、海鲈鱼、鲳鱼、桂鱼等。

禁忌： 大型肉食类鱼（鲨鱼、旗鱼、金鲭鱼、方头鱼等），刺多的鱼（鲤鱼、鲫鱼等）。

烹饪技巧

推荐做法

清蒸、煮汤、烩饭。

食谱

什锦三文鱼炒饭、小黄鱼豆腐汤、龙利鱼胡萝卜炒青椒。

食用油

营养补充

亚油酸、α-亚麻酸

添加时间

1岁以内的宝宝吃油都不是必须的。
出生6个月后,根据烹饪和饮食需要,可以适当用油。

添加方法

0~6个月

保证奶量,不用吃油。

6~12个月

保证食用肉、蛋、奶,不用刻意吃油。

出现以下情况,每天额外增加5~10 g油量

宝宝因为过敏等,平时主要以谷物类、蔬菜、水果等为主,肉类、蛋类都不吃,可以少量吃油。

1岁之后

饮食结构发生变化,注意少吃煎、炸类食物。

推荐用油

富含亚油酸: 豆油、花生油、玉米油、葵花籽油、麻油、核桃油等。
富含α-亚麻酸: 亚麻籽油、紫苏油等。

选油技巧

推荐

适合快炒: 大豆油、玉米油、花生油、葵花籽油、菜籽油等。
适合凉拌: 橄榄油、核桃油、亚麻籽油、麻油、紫苏油等。
给宝宝做辅食时,优先买小瓶包装的食用油,要经常换着吃。

不推荐

黄油、猪油、奶油等。

水

添加原则

宝宝到底要不要喝水，一看月龄，二看小便。

添加时间

1 岁以内的宝宝喝水都不是必须的。
出生 6 个月后，有需求时可以少量喂水。

添加方法

0~6 个月

保证奶量，不需要额外补水。

6~12 个月

在不影响正常奶量的前提下，宝宝有需求时可少量喂水。
吃完辅食后，可以用少量水润喉、清洁口腔，出汗太多时，可以适当喂水。
冬天在空调房里，也可以喂少量水。
尿液偏黄、小便次数比以往少、尿液气味比较重等的情况下，可适当喂水。

1 岁之后

每天的喝水量不固定。
以白开水为主，避免喝含糖饮料。

水果

营养补充

膳食纤维、维生素A（β胡萝卜素）、叶酸、维生素C、钙、镁、钾

推荐种类

吃水果没有绝对禁忌，大部分种类都可以吃。

添加时间

宝宝开始添加辅食后。

添加方法

6～12月龄

推荐量

6～7个月：每天2～3勺果泥。
8～9个月：每天20 g左右，相当于两小片苹果的量。
10～12个月：每天50 g左右，相当于1/4个苹果的量。

水果种类

以软烂水果为主：熟的香蕉、牛油果、猕猴桃、火龙果等。
避免小颗粒、比较硬的、需要吐核吐籽的水果。
注意：不要给1岁以内的宝宝喝果汁。

1～2岁

推荐量

每天75 g左右。
相当于1个小的猕猴桃、半个中等大小的苹果或半根香蕉的量。

水果种类

补充维生素C：柑橘类、菠萝、冬枣、猕猴桃、草莓等。
补充膳食纤维、帮助肠蠕动：多吃带籽水果，草莓、火龙果、猕猴桃等。
深色水果：抗氧化性高，樱桃、草莓、西梅、蓝莓等。

2～3岁

推荐量

每天150 g左右。
相当于2个小猕猴桃、1个中等大小的苹果或1根香蕉的量。

水果种类

补充维生素 C：柑橘类、菠萝、冬枣、猕猴桃、草莓等。
补充膳食纤维、帮助肠蠕动：多吃带籽水果，草莓、火龙果、猕猴桃等。
深色水果，抗氧化性高：樱桃、草莓、西梅、蓝莓等。

腹泻时不推荐吃的 3 类水果

难消化、吃起来比较硬的水果，比如冬枣。
脂肪含量过高的水果，比如榴莲、牛油果。
有润肠通便作用的带籽水果，比如猕猴桃、火龙果、草莓。

蔬菜

营养补充

膳食纤维、维生素 A（β胡萝卜素）、叶酸、维生素 C、钙、镁、钾

优先推荐

淀粉含量高的食物。

添加时间

宝宝开始添加辅食后。

添加方法

次数

每天都要吃。

原则

保证每周吃的蔬菜种类不重样。
保证每天吃的蔬菜中，一半以上是深色蔬菜。

推荐

淀粉含量高的蔬菜： 土豆、红薯、胡萝卜、白萝卜、西蓝花、花菜等。
深色蔬菜： 菠菜、西蓝花、西红柿、胡萝卜、南瓜、紫甘蓝、苋菜、彩椒等。

少吃

膳食纤维含量高的，芹菜、韭菜、笋、空心菜、油菜等，因为吃多了胃肠容易胀气。

烹饪技巧

推荐做法

蒸煮、拌炒、煮汤、做馅料。

食谱

蔬菜鸡蛋饼、西蓝花香菇炖蛋、奶酪焗蔬菜（1岁以后）。

4 个阶段的辅食推荐

6～7 月龄

保证奶量

每天 4～6 次，母乳 / 配方奶 600～800 ml。

食物吃法

泥糊状食物

辅食营养： 补铁。

次数与量： 每天 1 次，米粉 5～10 g，尽快丰富食材。

辅食推荐

高铁米粉

肉泥： 猪肉泥、牛肉泥、羊肉泥。

菜泥： 红薯、南瓜、土豆、山药、西蓝花等。

果泥： 苹果、香蕉、梨等。

8~9月龄

保证奶量

每天4~6次,母乳/配方奶600~800 ml。

食物吃法

末状食物,颗粒由小变大、由细变粗。

能力锻炼: 咀嚼能力。

次数与量: 每天2~3次,蛋黄/全蛋1个,50 g肉禽鱼,少量谷物、蔬菜、水果。

辅食推荐

主食: 厚粥、软饭、烂面等。

碎菜: 胡萝卜、青菜、菠菜、南瓜、西蓝花、花菜等。

小粒水果: 苹果、梨、香蕉、草莓、西梅、木瓜、鳄梨等。

蛋白质: 鸡肉蓉、鱼肉、虾蓉、肉末、豆腐、蛋黄/全蛋等。

食谱: 肉末香菇粥、鸡肉蓉粒粒面、肉糜炖蛋。

10~12月龄

保证奶量

每天3~4次，母乳/配方奶600~800 ml。

食物吃法

碎状、丁块状、手指食物。

能力锻炼： 咀嚼能力、眼手协调能力。

习惯养成： 三餐尽量和大人同步，两餐间可各加一次点心。

次数与量： 每天2~3次，蛋黄/全蛋1个，50 g肉禽鱼，适量谷物、蔬菜、水果。

辅食推荐

主食： 小饺子、小馄饨、软饭、馒头片、面包片、软意面等。

煮软烂的蔬菜： 豌豆、西葫芦、胡萝卜等。

带籽防便秘水果： 草莓、猕猴桃、火龙果等。

手指食物： 香蕉块、南瓜块、黄瓜条、苹果片、鸡肉块等。

蛋白质类： 鱼片、肉片、肉丝、豆腐、白煮蛋等。

食谱： 豌豆泥抹馒头片、水果色拉、西葫芦鸡蛋饼、白菜牛肉小饺子、青菜猪肉小馄饨。

13~24 月龄

保证奶量

每天 500 ml 左右。

次数与量

不再称为辅食,三餐两点,清淡家庭食物。
每天 1 个鸡蛋,50~75 g 禽肉,50~100 g 谷物、蔬菜、水果,丰富的鲜奶、酸奶、奶酪等奶制品。

习惯养成

学习自主进食。

食谱推荐

水果酸奶杯、龙利鱼番茄烩饭、青菜肉丝炒年糕。

新生儿黄疸 65

尿布疹 70

腹泻 74

鹅口疮 80

蚊虫叮咬 83

湿疹 86

感冒 91

咳嗽 95

喉咙有痰 101

发热 106

安全用药

鼻塞流涕 111

肺炎、支气管炎 117

流感 121

痱子 125

荨麻疹 128

便秘 131

急性中耳炎 135

手足口病 138

幼儿急疹 142

新生儿黄疸

新生儿黄疸的常见原因

— 常见原因 —

- 新生儿的红细胞相对比较多,出生之后不久,多余的红细胞会逐渐被分解。红细胞在被分解的过程中,会释放更多胆红素。这些胆红素如果不能被及时排出,皮肤就会变黄。
- 绝大多数宝宝得的黄疸都是生理性黄疸,只要身体没有其他问题,就不需要做任何处理。

— 发病过程 —

- 生理性黄疸通常在出生 3 天后出现,3~5 天后发黄加重。
- 只要身体没有其他问题,在出生后 5~7 天会开始减退,14 天后会逐渐退黄。

新生儿黄疸的就医原则

— 及时就医 —

❶ 黄疸提早出现

新生儿溶血病的患儿和早产儿,更容易出现这样的情况。

❷ 黄疸程度加重

检测发现胆红素水平升高很快。可能全身,包括眼白、手脚心都变黄。

❸ 黄疸消退延迟

出生 2 周后,黄疸情况没有减轻,甚至还加重了。

— 检查方法 —

❶ 抽血化验

检验黄疸值最准确的标准,但不方便动态观察。

❷ 皮肤检测

不如抽血检测准确。但便捷、无痛,可反复检测,是新生儿黄疸最常用的检测手段。

新生儿黄疸的治疗方法

如果医生判断需要在医院做治疗,通常会采用以下 4 个方案。

❶ 蓝光照射

适用情况:
最方便、最有效的退黄手段,适合大多数需要治疗的情况。
注意事项:
副作用很小,但有可能出现皮疹、轻度脱水、发热、腹泻等问题。

❷ 输注丙种球蛋白

适用情况:比较严重的情况,比如新生儿溶血病等。
在医生评估后使用。

❸ 输注白蛋白

适用情况:
胆红素特别高,或者黄疸出现特别早。在医生评估后使用。

❹ 换血疗法

适用情况:
超过换血警戒线,且强光治疗 4~6 小时无效。在医生评估后使用。

新生儿黄疸的家庭护理

多数情况下,在家妥善护理,宝宝的黄疸就会逐渐消退。

— 推荐护理 —

❶ 注意观察黄疸变化
- 如果只是面部、头部、胸部、大小腿发黄,属于正常表现。
- 如果宝宝的手脚心、眼白也发黄,建议及时去医院。

❷ 出生后积极喂养,保持大便通畅
无论用母乳还是配方奶喂养,都要保证宝宝每天能吃饱。

❸ 按接种年龄要求,照常打疫苗
黄疸不是接种疫苗的禁忌,要正常打疫苗。

— 不推荐护理 —

❶ 晒太阳

如果是生理性黄疸,不需要任何治疗;如果是病理性黄疸,那么晒太阳也没什么作用。

❷ 吃茵栀黄等药物

茵栀黄注射剂型已经被国家食品药品监督管理局明令禁用,口服制剂效果不明。

❸ 喝水和葡萄糖水

对退黄无效,而且 6 个月以内的宝宝不需要喝除了母乳或配方奶的任何液体。

❹ 自行服用益生菌

推荐的益生菌多是药物类别,建议在医生指导下使用。

❺ 针刺皮肤或者烫伤皮肤

黄疸是因为血液中的胆红素升高,刺破或烫伤皮肤没用。

❻ 洗药浴

包括佩戴中药、贴中药膏药等,它们对排出胆红素毫无作用,还有诱发皮疹、过敏的风险。

尿布疹

尿布疹的常见症状

— 常见症状 —

- 尿布包裹区域的皮肤,特别是接触尿布的部分会发红或出现一粒粒小疹子。
- 严重时,可能出现红肿、皮疹破溃、液体渗出。
- 臀缝、腹股沟处一般不出现皮肤异常。

尿布疹的就医原则

— 及时就医 —

- 常规护理和使用护臀霜之后不见好转,甚至有加重的趋势。
- 皮肤表面出现水泡、破溃或者其他严重情况的时候。
- 尿布不包裹的区域的皮肤同时出现异常。
- 出现发热、精神状态不好、异常哭闹等任何其他心里没底儿的症状。

— 病情记录 —

- 在尿布疹严重程度不同的情况下,最好留取典型部位的照片。
- 详细记录家庭用药的时间和药物的品种。

尿布疹的家庭护理

— 护理原则 —

保持屁股清洁、干爽,尽量减少屁股和屎尿的接触时间。

— 护理方法 —

① 选择合适的尿布

- 透气性好、型号合适、吸水性好。
- 不建议用传统的尿布。

② 勤换尿布

- 大便后,要及时清洗屁股和更换尿布。
- 小便后,如果纸尿裤上的线颜色变深,就要更换尿布。
- 如果屁股已经发红,更换次数应该更频繁。

③ 保持小屁股清洁干燥

- 清洗时,用婴儿专用的洗浴用品。
- 清洗后,用柔软的毛巾轻轻地彻底擦干屁股。

④ 涂抹护臀霜

- 清洗好屁股之后,就要涂抹护臀霜。
- 选择主要成分是氧化锌和凡士林的产品,其他成分越简单越好。

尿布疹的家庭用药

－ 推荐用药 －

❶ 护臀霜

- 尽量选择含氧化锌或凡士林成分的护臀霜,其他成分尽量简单。比如优色林、Desitin 蓝色款等。
- 如果尿布疹比较严重,可以选择氧化锌含量比较高的产品。比如 Desitin 紫色款、拜耳护臀膏等。

使用方法:

- 使用护臀霜前,要清洁并且一定要彻底擦干小屁股。
- 在皮肤发红的地方涂上护臀霜,涂抹厚度在 1~2 毫米。
- 没必要每次大小便之后都把护臀霜彻底清洗再涂抹。

注意事项:

不要选择含有中药成分的护臀霜。

❷ 抗真菌药膏

药名:咪康唑(达克宁)

适用情况:

尿布疹并发真菌感染。建议让医生诊断。

使用方法:

- 清洁干燥后,每天在感染部位涂抹 2~3 次真菌药膏,用药后在外面再抹一层护臀霜。
- 感染症状消失之后,考虑停药。

❸ 抗细菌药膏

药名:莫匹罗星软膏(百多邦)、红霉素软膏

适用情况:

尿布疹并发细菌感染。建议让医生诊断。

使用方法:

- 清洁干燥后,每天在感染部位涂抹 2~3 次真菌药膏,用药后在外面再抹一层护臀霜。
- 感染症状消失之后,考虑停药。

❹ 糖皮质激素软膏

药名:力言卓(0.05% 地奈德乳膏)、尤卓尔(0.1% 丁酸氢化可的松乳膏)
适用情况:
中度至重度的尿布疹,或尿布疹混合了湿疹。建议在医生指导下使用激素软膏。
使用方法:
可参考湿疹章节的相关内容。

― 不推荐用药 ―

❶ 各种中药药膏,比如婴宝等。

❷ 各种精油。

❸ 爽身粉和痱子粉。

❹ 民间偏方,比如茶叶水、淘米水等。

腹泻

腹泻的常见原因

— 判断方法 —

❶ 轻度消化不良

对应症状：食用不宜消化的食物后，大便忽然变稀，每天排便次数增加，精神状态良好。

❷ 急性肠胃炎、急性传染性疾病

对应症状：大便变稀甚至为水样便，24 小时内排便次数 ≥ 3 次，精神状态差，还可能发热、呕吐、咳嗽等。

❸ 过敏

对应症状：接触易过敏食物后发生腹泻，大便中带有血丝，通常有可能是食物过敏。

❹ 乳糖不耐受

对应症状：通常在喝了牛奶、母乳、配方奶等含有乳糖的食物后发生。

腹泻的就医原则

— 及时就医 —

- 小于 6 个月、早产儿、有慢性病史或其他合并症的孩子,出现腹痛或拉肚子的情况。
- 腹痛剧烈难忍,甚至疼得开始出汗,哭闹异常。
- 腹部有包块,或者大便带血、混有脓液等。
- 发热超过 3 天,不能自主退热;或腹泻超过 1 周不见好转。
- 腹泻的同时伴有脱水的情况,比如尿量明显减少,烦躁、嗜睡,哭的时候没有眼泪,等等。

— 病情记录 —

- 发生腹泻时间、腹泻次数、大便的状态、颜色等,如不好描述则可以用照片记录。
- 除了腹泻的其他症状,以及严重程度和持续时间,比如发热、呕吐等。
- 生病之前是否接触过类似症状的患者。
- 临就诊前,可以收集大便,为化验做准备。

腹泻的家庭护理

— 常规护理 —

- 少食多餐,饮食顺口好消化。
- 母乳是最好的消化药,可适当多吃。
- 及时补充液体,可预防脱水。

— 针对性护理 —

❶ 脱水

- 吃母乳的孩子:可适当多吃一些母乳。
- 大一点儿的孩子:适当增加一些稀粥、清淡的汤等。
腹泻呕吐严重的会增加电解质流失,可补充补液盐 Ⅲ 来调节。

❷ 过敏

排查近期的高危食物并避食,再次尝试时也要少量添加并密切观察。

❸ 乳糖不耐受

- 把牛奶换成酸奶。
- 如果还在吃母乳,可以考虑加用乳糖酶。
- 服用配方奶的可换成无乳糖奶粉来过渡。

腹泻的家庭用药

- 推荐用药 -

❶ 口服补液盐 Ⅲ

适用情况：饮水量、喝奶量明显减少，腹泻量变大，尿量减少。

服用剂量：

按照每千克体重 50~75ml 补充，尽量 4 小时内补完。

之后，在每次腹泻后再额外补充——

- ＜6 个月：每次补充 50ml。
- 6 个月~2 岁：每次补充 100ml。
- 2 岁~10 岁：每次补充 150ml。

停药标准：

吃东西逐步恢复正常，腹泻量变小，基本脱离了脱水风险。

注意事项：

- 每 2~3 分钟喂一次，一次一小口，10ml 左右即可。
- 如买不到口服补液盐 Ⅲ，可选择口服补液盐 Ⅱ，按说明书推荐量的 1.5 倍稀释。

❷ 补锌剂

药名：葡萄糖酸锌口服液、葡萄糖酸锌颗粒

适用情况：长期慢性腹泻。

服用剂量：

- 小于 6 月龄，每天补充元素锌 10mg。
- 大于 6 月龄，每天补充元素锌 20mg。

停药标准：建议服用 10~14 天。

注意事项：

- 如果一次服用有困难，每天可以分成 2~3 次服用。
- 呕吐剧烈不建议用，以免加重呕吐。
- 对锌剂过敏及本身属于过敏体质，要慎用。

❸ **益生菌**

药名：布拉氏酵母菌（亿活）、鼠李糖乳杆菌（康萃乐）

适用情况：

- 抗生素相关性腹泻，可以选择亿活。
- 急性胃肠炎引起的水样便，亿活和康萃乐二选一。
- 水样便，同时对乳糖不耐受可选康萃乐。

服用剂量：

按说明书中的剂量和频次服用，通常建议连续用 7~10 天。

注意事项：

如果同时服用抗生素，吃鼠李糖乳杆菌要间隔 2 个小时以上。

④ **蒙脱石散**

药名：蒙脱石散（思密达）
适用情况：
腹泻严重，试了各种治疗方案但仍不见好转，可以考虑加用。
注意事项：
- 疾病早期不推荐首选蒙脱石散。
- 和其他药物同时使用要至少间隔2个小时。

⑤ **轮状病毒疫苗**

接种程序：口服共 3 剂，出生后 6~12 周接种第一剂，每剂间隔 4~10 周，第三剂接种不晚于出生后第 32 周。

— 不推荐用药 —

① **所谓"止泻药"及其他中药**

黄连素、藿香正气水、止泻宁、婴儿健脾散等。

② **抗生素**

- 头孢 xx、xx 西林、xx 霉素等。
- 只有有明确证据显示孩子是细菌感染，才可以在医生的指导下使用抗生素。

③ **各类贴剂**

丁桂儿脐贴、小儿暖脐贴、宝宝腹泻贴等。

鹅口疮

鹅口疮的常见症状

— 常见症状 —

- 嘴巴大范围长白疮,类似乳凝块样。
- 多数情况下不会有不适感,可正常饮食。
- 少数情况下不会导致口腔黏膜严重损伤。

鹅口疮的就医原则

— 及时就医 —

一旦嘴里面有白色斑片,疑似鹅口疮,建议及时就医。

— 病情记录 —

- 出现症状的时间、严重程度,最好有照片记录。
- 使用药物情况、具体用法及效果如何。
- 是初次发作还是反复发作。
- 平时是母乳喂养还是人工喂养。
- 是否有咬手、咬玩具等习惯。

鹅口疮的家庭护理

— 常规护理 —

❶ 嘴巴常接触的物品及部位要消毒

- 玩具、奶瓶、安抚奶嘴加热煮。
- 妈妈的内衣高温烫洗。
- 每次喂完母乳,用浓度 2% 左右的碳酸氢钠溶液擦拭乳房。

❷ 选择凉且软糯的食物,缓解嘴巴痛

- 进食半流质食物。
- 保证液体摄入,不脱水。

鹅口疮的家庭用药

— 推荐用药 —

❶ 制霉菌素片

配置方法：药片装入保鲜袋，碾成粉末，然后将其装入清洁干燥的瓶子里，再用甘油或食用油配成浓度为 10 万单位/ml的溶液。

使用剂量：依据年龄不同，剂量有差异。
- 小于 28 天：每天 4 次，每次 1ml。
- 29天 至1 岁：每天 4 次，每次 2 ml。
- 大于 1 岁：每天 4 次，每次 4～6 ml。

保存方法：最好现配现用，如果用不完，一定要放进冰箱冷藏。

注意事项：涂抹时间建议在孩子吃奶、吃饭后。

❷ 氟康唑

药名：氟康唑（大扶康）

适用情况：

制霉菌素治疗 2 周后，鹅口疮仍不见好，可口服氟康唑。

服用剂量：处方药，遵医嘱服用。

❸ 碳酸氢钠溶液

适用情况：

不建议单独使用，在涂抹制霉菌素前先用碳酸氢钠溶液清洗口腔。

使用方法：

把碳酸氢钠溶液稀释到浓度为 1%～2%，局部涂抹。

— 不推荐方法 —

- 淘米水、隔夜红茶、大蒜水清洗口腔。
- 涂抹紫药水。
- 依赖益生菌治疗鹅口疮。

蚊虫叮咬

蚊虫叮咬的常见症状

— 常见症状 —

- 主要发生在身体暴露在外的部位。
- 梭形的偏硬的小鼓包（丘疹），有的顶端还会有小水疱。
- 可能出现红斑、肿胀、风团,或留下被咬的痕迹。
- 肢端肿胀严重者可能会出现麻木感、行走障碍、轻度疼痛等。

蚊虫叮咬的就医原则

— 及时就医 —

- 突然出现呼吸困难、失去意识、精神萎靡的情况。
- 多个疹子同时发生，或者疹子持续增多、全身瘙痒、肿胀严重。
- 伴有发热，或者伤口流脓、皮温明显升高、肿胀持续加重的情况。
- 居家处理不当，导致皮肤损伤加重。
- 出现任何其他心里没底儿的症状。

— 病情记录 —

- 注意拍照或留取蚊虫标本，尤其是不太常见的品种，供医生参考。
- 留取被咬部位不同阶段的照片。
- 记录护理过程、用药时间和药物的品种。
- 孩子过敏性疾病的病史记录。

蚊虫叮咬的家庭护理

① 清洗虫咬部位

可用碱性肥皂水或清水清洗虫咬部位。不要抓挠,避免引起感染。

② 必要时冷敷处理

- 可用冰凉的生理盐水或纯净水浸湿毛巾,拧干后敷在叮咬处。
- 或直接用毛巾包裹冰袋、冰水瓶,敷在肿胀处 10~15 分钟。

③ 外用洗剂或口服药物

蚊虫叮咬的家庭用药

― 推荐用药 ―

① 炉甘石洗剂

如果皮疹轻微,或仅有一些丘疹、丘疱疹,没有明显瘙痒,可以直接外用炉甘石洗剂,每天 3 次左右。

② 激素类软膏

丁酸氢化可的松乳膏或者地奈德乳膏,可以用于抗炎消肿,短期使用,不用担心副作用。

③ 外用洗剂或口服药物

外用夫西地酸软膏或者莫匹罗星乳膏,可以涂在抓破的地方,预防或者治疗感染。

④ 抗组胺药

如果瘙痒剧烈,甚至影响生活和睡眠,可口服抗组胺药。

药名：盐酸西替利嗪滴剂（仙特明）、氯雷他定糖浆（开瑞坦）
适用月龄：仙特明适合 6 个月以上，开瑞坦适合 2 岁以上。
服用剂量：按照说明书的剂量要求服用。
西替利嗪滴剂说明书中只有 1 岁以上的服用剂量，建议：
- 1 岁以上：按照说明书推荐剂量服用。
- 6~12 个月：每天 1 次，每次服用剂量和 1 岁的孩子一样。

－ 不推荐用药 －

❶ 泰国的青草膏、日本的无比滴等

含有薄荷醇、樟脑、苯海拉明等成分，可能会存在潜在的危险性，不建议作为蚊虫叮咬后的首选药物。

❷ 清凉油、风油精及花露水

薄荷、樟脑、酒精、冰片等成分可能会进一步刺激皮肤，不建议给宝宝使用。

❸ 各种偏方和自制药水

湿疹

湿疹的常见症状

— 湿疹判断 —

- 多发生在 1 月龄到 2 岁。
- 表现为皮肤上出现成片的红点、小疙瘩。皮肤表面发干,有时会有干皮屑。严重时,有渗出液,疹子干燥之后会结痂。
- 多出现在面部、耳郭、头皮、四肢等处。

— 与其他疾病的鉴别 —

❶ 痱子

高发月龄:各个年龄段,夏季常见。
典型表现:小米粒样或针尖样的红点,严重时红点上面会有白尖。

❷ 新生儿痤疮

高发月龄:3 月龄以内。
典型表现:红色或黄色米粒样的疹子,额头和脸颊高发,一般不痒。随月龄增长,会自然缓解。

湿疹的就医原则

— 及时就医 —

- 全身大面积爆发湿疹。
- 在护理和使用激素类药膏后,控制效果不理想。
- 湿疹的同时出现任何其他心里没底儿的症状。

— 病情记录 —

- 不同严重程度的湿疹,留取典型部位照片。
- 用药时间和药物的品种。
- 记录日常饮食和接触物品的情况。
- 直系亲属是否是过敏体质,是否有严重湿疹的病史。

湿疹的家庭护理

— 常规护理 —

❶ 做好保湿

建议选择乳膏或者霜,严重湿疹选择软膏。不建议选择乳液。

使用方法:
- 清洁、擦干皮肤后涂抹。
- 每周涂抹 150~200 g,如果皮肤干燥,可以每 3 小时涂一次。

品牌推荐:
- 丝塔芙(Cetaphil)。
- 妙思乐(Mustela)。
- 优色林(Eucerin)。
- 霏丝佳(Physiogel)低敏保湿乳霜。
- 雅漾(Avene)保湿膏。
- 艾维诺(aveeno)。

注意事项:先局部试用,观察是否会发红或不舒服。

❷ 注意清洁

- 洗澡:水温低于 37℃,时间 5~10 分钟,选择温和的洗浴用品。
- 穿衣:选择纯棉透气的宽松衣物,减少摩擦。
- 修剪指甲:避免抓破皮肤引起感染。

❸ 排除并远离过敏原

排除尘螨、花粉、霉菌、动物毛屑等因素。

湿疹的家庭用药

❶ 保湿霜

- 轻度湿疹首选保湿霜护理。
- 疹子略红,面积小,凸起和脱皮现象不明显,孩子基本不抓挠。
- 属于轻度湿疹。

❷ 激素类药膏

药名:0.1% 地塞米松软膏、1% 氢化可的松乳膏、0.05% 地奈德乳膏(力言卓)
适用情况:轻度湿疹,但涂保湿霜的效果不理想。
给药方法:
- 每天 1~2 次,局部涂抹。
- 如果 1 天 1 次,则睡前涂抹。
- 如果 1 天 2 次,则早晚各 1 次。

停药标准:不需要减量停药,症状缓解后可考虑停药,同时配合涂抹保湿霜。

药名:
弱效类激素,0.05% 地奈德乳膏(力言卓)
弱中效类激素,0.1% 丁酸氢化可的松软膏(尤卓尔)
中效类激素,0.1% 糠酸莫米松(艾洛松)

适用情况:中度湿疹。
疹子有连片的趋势,很痒,皮肤红肿,甚至有脱屑现象。
给药方法:按照说明书推荐方法使用。
停药标准:
- 红肿部位完全恢复之后,减量停用。
- 按照和润肤霜 1:1 的比例,逐渐过渡到 1:2,最后过渡到只涂润肤霜。

❸ 抗组胺药

药名：盐酸西替利嗪滴剂（仙特明）、氯雷他定糖浆（开瑞坦）
适用情况：
特别痒，已经影响睡眠和白天生活。
适用月龄：
仙特明适合 6 个月以上，开瑞坦适合 2 岁以上。
服用剂量：
按照说明书的剂量要求服用。

❹ 免疫调节剂

药名：0.03% 他克莫司软膏（普特彼）
适用情况：激素类药膏的控制效果不好，或是不能用激素类药膏。
适用月龄：2 岁以上。

― 不推荐用药 ―

❶ 各种中药药膏、"妆"字号、"消"字号药膏

肤乐霜、戒之馆、肤专家、百卉膏、杏璞霜、宝肤爽、秦朗宝宝中药乳膏。

❷ 各种偏方

金银花水、淘米水泡澡，贴土豆片，泥土外敷，等等。

感冒

感冒的常见原因

— 感冒原因 —

- 密切接触感冒患者,受到感冒病毒的不断攻击。
- 密闭的公共场所空气不流通,病毒种类多、数量大,更容易感染。
- 抵抗力较低。
- 其他因素,如生活环境改变、心情低落、睡眠不好、过于疲惫等。

— 常见症状 —

发烧的同时,还有流鼻涕、打喷嚏、鼻塞、咳嗽、喉咙痛等症状。

感冒的就医原则

— 及时就医 —

- 发热温度较高,通常腋温大于 39℃(数字非绝对),同时精神状态不好。
- 发热超过三整天,即便精神状态好,也要就医。
- 严重的呼吸道症状,比如喘息、憋闷、呼吸频率明显增快、声音嘶哑、嗜睡等。
- 出现任何其他心里没底儿的症状。

— 病情记录 —

- 开始发热的时间、最高温度、服用退热药物的时间。
- 发热以外的其他症状及严重程度。
- 睡眠、食欲及精神状态如何。
- 生病之前是否接触过有类似症状的人。

感冒的家庭护理

— 应对原则 —

- 大多数感冒不一定要吃药。
- 针对症状进行对症护理。

— 针对性护理 —

❶ 发热

- 不推荐退热贴、温水浴、捂汗等降温方法。
- 适当补水,预防脱水,增加出汗量和尿量。
- 不要穿太多衣服。

❷ 鼻塞流涕

- 适当补充液体。
- 6 个月以内适当多喝母乳;6 个月以上,在满足饮奶量和饮食量的基础上,适当增加液体摄入。
- 家里湿度控制在 55% 左右,最好不要超过 60%。
- 1 岁以内可以用生理海盐水的滴鼻剂,1 岁以上可以尝试喷雾。

❸ 咳嗽

- 适当补充液体,有助于稀释痰液。
- 家里湿度控制在 55% 左右,最好不要超过 60%。
- 咳嗽严重,1 岁以上可以偶尔吃 2~5ml 蜂蜜止咳。

❹ 咽喉痛

- 早晚用生理盐水漱口。
- 饮食清淡好吞咽。
- 适当吃凉的食物,可以缓解疼痛。
- 不要吃橙子、柿子这类食物,它们会刺激喉咙。

感冒的家庭用药

— 用药原则 —

找准原因,对症用药。

— 推荐用药 —

❶ 对乙酰氨基酚

药名:泰诺林、百服宁

适用月龄:3 个月以上。

服用剂量:
- 按照实际体重计算,一般每次每千克体重 10~15mg。
- 两次给药间隔不小于 4 小时,24 小时内使用次数不多于 5 次。

停药标准:

开始慢慢退热,或腋温控制在 38.5℃ 以下且精神状态良好。

注意事项:
- 不要使用过量,会有损伤肝脏的风险。
- 肝肾功能不全、蚕豆病、对阿司匹林过敏需谨慎使用。

❷ 布洛芬

药名:美林、托恩

适用月龄:6 个月以上。

服用剂量:
- 按照实际体重计算,一般每次每千克体重 5~10mg。
- 两次给药间隔不小于 6 小时,24 小时内服药次数不超过 4 次。

注意事项:
- 肾功能不全、心功能不全、高血压及消化道溃疡要慎用。
- 同样药品只保留一种规格,以防弄错服用剂量。

－ 不推荐用药 －

❶ 复方感冒药

- 这类药名一般包含"氨""酚""敏""麻""美"等字眼。
- 小儿氨酚黄那敏颗粒,如护彤、小快克。
- 小儿氨酚烷胺颗粒,如优卡丹、好娃娃。

❷ 中成药

比如抗感颗粒、小儿柴桂退热颗粒、小儿解感口服液、抗病毒口服液等。

❸ 抗生素

比如头孢 xx、xx 西林、xx 霉素等。

❹ 抗病毒药

比如利巴韦林、干扰素。

咳嗽

咳嗽的常见原因

― 判断方法 ―

❶ 呼吸道感染

感冒或流感

对应症状：咳嗽的同时会有打喷嚏、流鼻涕、鼻塞、发热等表现，流感症状会更严重。如果晚上咳嗽加重，也可能是鼻涕倒流引起的咳嗽。

肺炎、支气管炎

对应症状：咳嗽持续加重，同时呼吸频率增快、呼吸声变粗，甚至会喘息，感到憋闷、胸痛等。

喉炎

对应症状：咳嗽时声音变得嘶哑，咳嗽的声音像小狗叫，吃东西、喝水变得困难。

❷ 过敏

对应症状：咳嗽超过 2 周不见缓解，还有眼睛痒、流鼻涕、打喷嚏等症状。

❸ 气道有异物

对应症状：咳嗽经各种治疗都无效，建议拍胸片或者 CT（电子计算机断层扫描），排除呼吸道有异物的可能。

❹ 胃食管反流

对应症状：咳嗽的同时还吐奶、恶心、呕吐、反酸及打嗝，而且嘴巴闻起来有酸臭味。

咳嗽的就医原则

— 及时就医 —

- 普通感冒引起的咳嗽，咳嗽频繁且超过 1 周不见好转，或超过 2 周没有恢复。
- 咳嗽的同时，喘息，感到憋闷，呼吸频率明显增快，咳嗽时类似于小狗叫，声音嘶哑，等等。
- 先咳嗽后发热；咳嗽的同时，退热后再次发热。
- 咳嗽的同时发热，且超过 3 天不能退热。
- 咳嗽的同时，状态很差，哭闹不止、精神萎靡、嗜睡。

— 病情记录 —

- 开始咳嗽的时间、咳嗽频率、严重程度、昼夜是否有明显差异、是否有喘息、服药情况。
- 除了咳嗽的其他症状及严重程度。
- 睡眠、食欲及精神状态如何。
- 生病之前是否接触过有类似症状的人。

咳嗽的家庭护理

— 护理原则 —

- 找到引起咳嗽的原因。
- 针对不同原因,对症护理。

— 针对性护理 —

① 鼻涕倒流

- 睡前用生理海盐水冲洗鼻腔。
- 适当改变睡觉体位,把上半身稍微垫高,以不影响舒适度为前提。

② 过敏

- 排除并远离过敏原。
- 记录每天饮食,如果新添某种食物后,咳嗽明显加重,需暂时避免摄入这种食物。
- 避免接触毛绒玩具、宠物、花粉等。
- 及时打扫室内卫生。

③ 胃食管反流

- 注意纠正喂奶姿势,吃奶后要拍嗝。
- 已经添加辅食的,要重新梳理食谱,看饮食安排是否合理。
- 入睡后胃食管反流加重,注意睡前 2 小时不要进食。

— 常规护理 —

① 湿润气道

- 6 个月以内适当多喝母乳。
- 6 个月以上,在满足饮奶量和饮食量的基础上,适当增加液体摄入。
- 家里湿度控制在 55% 左右,最好不要超过 60%,加湿器的水要用纯净水而不是自来水。
- 咳嗽不严重就可以在家护理,通过雾化的方式保持呼吸道湿润。

❷ **吃蜂蜜止咳**

咳嗽严重，1岁以上可以偶尔吃 2~5ml 蜂蜜止咳。

❸ **远离卷烟烟雾**

远离二手烟、三手烟。

— 在家做雾化 —

❶ **适用情况**

- 只有一些特殊疾病或并发症才建议使用。比如支气管哮喘、咳嗽变异性哮喘、喘息性支气管炎、毛细支气管炎等。
- 以临床综合评估为准，不建议自行判断使用。

❷ **雾化剂选择**

处方药，遵医嘱选择使用。

❸ **雾化器选择**

推荐喷射式雾化器或振动筛孔雾化器。

❹ **雾化前准备**

- 饭后1小时再进行雾化，以免诱发呕吐。
- 雾化前用清水给宝宝漱口，清除食物残渣等。
- 雾化前用清水洗脸，脸上不涂抹任何油性面霜。
- 每次雾化剂量为 3~4ml，药量不足就用生理盐水补。
- 每次雾化时间以15分钟左右为宜。
- 雾化之后洗脸。

咳嗽的家庭用药

— 用药原则 —

- 感冒引起的咳嗽大多不用吃药。
- 不同病因需要采用不同的用药方案。
- 止咳药治标不治本,不建议用。

— 推荐用药 —

❶ 抗过敏药

药名:盐酸西替利嗪滴剂(仙特明)、氯雷他定糖浆(开瑞坦)、孟鲁司特钠(顺尔宁)

适用月龄:

- 6 个月以内,过敏性咳嗽非常少见,按医嘱用药。
- 6 个月以上,用盐酸西替利嗪滴剂,即仙特明。
- 2 岁以上,氯雷他定糖浆,即开瑞坦。
- 根据实际病情,医生可能也会推荐孟鲁司特钠,即顺尔宁。

服用剂量:按照说明书的剂量要求服用。

❷ 抗生素

药名:头孢 xx、xx 西林、xx 霉素等

适用情况:明确细菌或者支原体等感染引起的咳嗽。

服用剂量:属于处方药,遵医嘱服用。

注意事项:按医嘱足剂量、足疗程使用,以免复发。

— 不推荐用药 —

❶ 中枢性镇咳药

右美沙芬、福尔可定、可待因等。

❷ 复方感冒药

这类药名一般包含"氨""酚""敏""麻""美"等字眼。

小儿氨酚黄那敏颗粒,如护彤、小快克。

小儿氨酚烷胺颗粒,如优卡丹、好娃娃。

❸ 中成药和植物药

各类止咳糖浆、小柴胡颗粒、安儿宁颗粒、蒲地蓝口服液等。

百蕊颗粒、施保利通片、小绿叶等。

复方中成药,如复方甘草片、维C银翘片。

❹ 抗病毒药

利巴韦林和干扰素。

喉咙有痰

喉咙有痰的常见原因

— 判断方法 —

❶ 呼吸道感染

对应症状：痰变多的同时，鼻塞、流鼻涕；躺下时呼吸声变大，像在打呼噜或痰液堵在喉咙里。

❷ 鼻涕倒流

对应症状：痰变多的同时，鼻塞、流鼻涕；躺下时呼吸声变大，像在打呼噜或痰液堵在喉咙里，常在夜间咳嗽加重。

❸ 过敏

对应症状：过敏体质的孩子要多留意，特别是长时间咳嗽、咳痰不见好转的。

❹ 喉软骨发育不良

对应症状：孩子出生后不久，喉咙就有明显的痰音，痰音在吃奶或大哭、大笑时会加重，但没有其他问题，且生活不受影响。

喉咙有痰的就医原则

— 及时就医 —

- 咳痰症状超过 1 周不见好转,或超过 2 周没有痊愈。
- 痰中带血,或出现喘息,感到憋闷,呼吸频率明显增快。
- 咳嗽时有类似狗叫的声音,声音嘶哑。
- 感觉喉咙里有东西,导致呼吸费力。
- 先咳嗽、咳痰,稍后发热;咳嗽、咳痰的同时,退热后再次发热。
- 咳嗽的同时发热,且超过 3 天不能退热。
- 有大量黄色脓痰,伴随发热,且孩子的状态不好。
- 咳痰的同时,状态很差,哭闹不止、精神萎靡、嗜睡。

— 病情记录 —

- 开始咳痰的时间、咳嗽频率、痰液颜色、是否有喘息、服用药物情况。
- 除了咳嗽的其他症状及严重程度。
- 孩子睡眠、食欲、精神状态如何。

喉咙有痰的家庭护理

— 护理原则 —

- 明确引起痰多的原因是关键。
- 针对不同原因进行对症护理。
- 需要用化痰药的情况不多。

— 针对性护理 —

1 呼吸道感染

不建议自行使用化痰药。

2 鼻涕倒流

- 如果情况较轻,可以不做处理。
- 如果影响生活,如睡觉等,可以在睡前用生理海盐水冲洗鼻腔。

3 过敏

- 排除过敏原。
- 抗过敏治疗,遵医嘱服用抗过敏药,比如盐酸西替利嗪和氯雷他定。

4 喉软骨发育不良

不需要任何护理或用药措施,定期复查就好。

— 常规护理 —

❶ 调节家里的湿度

- 家里的湿度控制在 55% 左右,最好不要超过 60%。
- 加湿器的水要用纯净水,加湿器每天都要清洗。

❷ 注意多补充液体

- 6 个月以内适当多喝母乳。
- 6 个月以上,在满足饮奶量和饮食量的基础上,适当增加液体摄入。
- 饮食顺口好消化。

— 注意事项 —

拍痰并不能解决问题。

喉咙有痰的家庭用药

− 用药原则 −

谨慎使用化痰药。

− 不需要用药 −

- 6 个月以内,咳嗽后偶尔会恶心、呕吐,一般发生在吐奶之后,不需要吃化痰药。
- 6 个月以上,咳嗽之后会有恶心、下咽的动作。咳嗽之后,痰音明显减轻,不需要吃化痰药。
- 大一点儿的孩子会自己吐痰,不管痰是白色的还是黄色的,吐出来就是"好痰",不需要吃化痰药。

− 遵医嘱用药 −

痰液影响正常呼吸,且痰液比较黏稠又不易咳出,可以遵医嘱使用一些化痰药。

− 不推荐用药 −

❶ 中枢性镇咳药

右美沙芬、福尔可定、可待因。

❷ 复方化痰药

易坦静、克洛己新干混悬剂、右美沙芬愈创甘油醚。

❸ 中草药、外用贴剂

各种止咳化痰糖浆、桔贝合剂、化痰贴。

发热

发热的常见原因

— 发热原因 —

- 病毒、细菌感染。
- 肿瘤、风湿系统疾病、无菌性炎症。
- 神经系统病变、身体调节体温功能异常。

— 发热判断 —

- 腋温超过 37.2℃，就要考虑是发热了。
- 体温越高，不代表病情越严重。

发热的就医原则

— 及时就医 —

- 3 月龄以内的宝宝，不管由什么原因引起发热都要去医院。
- 腋温大于 39℃（数值不绝对），同时精神状态不好。
- 发热超过 3 天，或发热的同时出皮疹。
- 发热伴有惊厥，惊厥时间超过5分钟，或反复发作。
- 发热的同时出现拒绝饮水、尿量明显减少、嗜睡等症状。
- 发热的同时出现喘息、感到憋闷、呼吸频率明显增快、声音嘶哑等。

— 病情记录 —

- 开始发热的时间、最高温度、服用退热药的时间。
- 除了发热的其他症状及严重程度。
- 睡眠、食欲及精神状态。
- 发热之前是否接触过有类似症状的人。

发热的家庭护理

— 护理原则 —

- 适当增加液体摄入，不要捂汗。
- 在不同的发热阶段，有针对性地护理。
- 不建议用酒精擦浴、洗冷水浴、用退热贴、捂汗。

① 第一阶段：体温上升期

对应症状：
- 发热前状态不好，没力气、嗜睡。
- 体温开始上升后，发抖、打冷战、手脚冰凉。

护理方法：
及时添加衣物，做好保暖工作，衣物要轻便透气，不要过厚、过重。

② 第二阶段：持续高热期

对应症状：体温升高。
护理方法：及时补充液体。
·6 个月以内，适当增加母乳摄入。
·6~12 个月，在饮奶和辅食量的基础上适当增加温开水。
·1 岁以上，如果不爱喝白开水，可以增加一些稀释的果汁。

③ 第三阶段：体温恢复期

对应症状：
从发热最高值逐渐下降，精神状态、食欲逐渐好转。
护理方法：
适当补充液体，多吃一些营养丰富且好消化的食物。

— 热性惊厥的护理方法 —

❶ 让孩子侧卧

- 侧卧,避免呕吐物引起窒息。
- 不要强行掰身体,更不要往嘴里塞任何东西。
- 如果嘴里有东西,要尽量轻柔地取出。

❷ 确保周围环境安全

最好将宝宝安置在平坦无硬物的床上或地板上。

❸ 记录时间

记下时间,同时用手机录像记录病情。

❹ 必要时送医院

惊厥时间超过 5 分钟,或 24 小时内发作超过一次,就要去医院。

发热的家庭用药

— 用药原则 —

发热且精神状态不好。

— 推荐用药 —

❶ 对乙酰氨基酚

药名：泰诺林、百服宁
适用情况：
发热且精神状态不好。
适用月龄：3 个月以上，一般是儿童退热的首选药物。
服用剂量：
- 按照实际体重计算，一般每次每千克体重 10~15mg。
- 两次给药间隔不小于 4 小时，24 小时内使用次数不多于 5 次。

停药标准：
开始慢慢退热，或腋温控制在 38.5℃ 以下且精神状态良好。
注意事项：
- 不要使用过量，会有肝脏损伤风险。
- 肝肾功能不全、蚕豆病、对阿司匹林过敏需谨慎使用。

❷ 布洛芬

药名：美林、托恩、安瑞克
适用情况：
不适合服用对乙酰氨基酚或使用对乙酰氨基酚效果不好。
适用月龄：6 个月以上。
服用剂量：
- 按照实际体重计算，一般每次每千克体重 5~10mg。
- 两次给药间隔不小于 6 小时，24 小时内服药次数不超过 4 次。

停药标准：开始退热，或腋温控制在 38.5℃ 以下且精神状态良好。
注意事项：
- 肾功能不全、心功能不全、高血压及消化道溃疡要慎用。
- 同样药品只保留一种规格，以防弄错服用剂量。
- 急性胃肠炎发热不适合用布洛芬，因为它对胃肠道有刺激作用。
- 布洛芬致使退热迅速，大量出汗，会增加脱水风险。

— 不推荐用药 —

① 复方感冒药

- 这类药名一般包含"氨""酚""敏""麻""美"等字眼。
- 小儿氨酚黄那敏颗粒,如护彤、小快克。
- 小儿氨酚烷胺颗粒,如优卡丹、好娃娃。

② 不适合孩子的退热药

比如尼美舒利、赖氨匹林、安乃近、阿司匹林等。

③ 中成药

比如柴桂退热颗粒、清开灵颗粒等。

④ 提高免疫力的"神药"

功效不明,可能存在潜在不良反应。

⑤ 抗生素

非细菌感染不建议使用,比如头孢 xx、xx 西林、xx 霉素等。

鼻塞流涕

鼻塞流涕的常见原因

— 判断方法 —

1 普通感冒、流感

对应症状:
除了鼻塞、流鼻涕,还可能伴随发热或咳嗽等。

2 鼻窦炎

对应症状:
- 持续鼻塞流涕 10 天以上,未见好转。
- 鼻塞流涕好转几天后又忽然加重。
- 鼻涕黏稠、发黄,发热超过 3 天且状态不好。

3 过敏性鼻炎

对应症状:
长时间打喷嚏、流鼻涕或鼻塞,属于过敏体质,或家长有过敏性鼻炎。

4 腺样体肥大

对应症状:
经常鼻塞,尤其是睡觉时呼吸困难,经常张嘴呼吸。

鼻塞流涕的就医原则

— 及时就医 —

- 感冒伴随的鼻塞流涕症状超过 10 天仍不见好转。
- 有黄色或绿色的脓状鼻涕,伴随发热且状态不好。
- 在固定季节或者环境中出现打喷嚏、流鼻涕、鼻子痒等症状。
- 反复出现鼻涕带血,或者其他任何心里没底儿的情况。

— 病情记录 —

- 开始鼻塞流涕的时间、鼻涕颜色、是否打喷嚏、是否伴随夜间咳嗽加重。
- 鼻塞流涕以外的其他症状及严重程度。
- 用药情况,以及睡眠、食欲和精神状态。
- 是否有过类似的情况。
- 是否在某个固定季节或环境,症状发作频繁。

鼻塞流涕的家庭护理

— 护理原则 —

- 找到引起鼻塞流涕的原因。
- 针对不同原因,对症护理。

— 针对性护理 —

❶ 普通感冒或流感

- 小宝宝:及时擦干净鼻涕,适当清洗。
- 大宝宝:正确擤鼻涕,身体自然前倾,用纸巾压住一侧鼻孔,然后用力擤出另一侧的鼻涕。
- 适当补水,调整屋里湿度到 55% 左右。

❷ 鼻窦炎

- 小宝宝(3岁以下):及时擦干净鼻涕,适当清洗。
- 大宝宝(3岁以上会擤鼻涕的):正确擤鼻涕,身体自然前倾,用纸巾压住一侧鼻孔,然后用力擤出另一侧的鼻涕。
- 适当补水,调整屋里湿度到 55% 左右。
- 用生理海盐水冲洗鼻腔。
- 必要时遵医嘱服用抗生素。

❸ 过敏性鼻炎

- 寻找并避开过敏原。
- 生理海盐水冲洗鼻腔。

❹ 腺样体肥大

建议及时去医院就医。

— 常规护理 —

洗鼻
洗鼻类型：
- 滴鼻：适合 1 岁以内，但清洗力度较弱。
- 喷鼻：适合 1~3 岁，冲洗效果更彻底。
- 灌洗：比较适合鼻塞严重、脓鼻涕较多的情况，3 岁以上用得多。
- 雾化：冲洗效果比较弱，不会有明显的刺激感，孩子容易接受。

洗鼻效果：灌洗 > 喷鼻 > 滴鼻 > 雾化。
洗鼻舒适度：雾化 > 滴鼻 > 喷鼻 > 洗鼻。

鼻塞流涕的家庭用药

— 急性细菌性鼻窦炎 —

❶ 抗生素

药名：阿莫西林克拉维酸钾、头孢克洛等
服用剂量：遵医嘱。
注意事项：遵医嘱，足剂量、足疗程使用。

❷ 糖皮质激素喷鼻

适用情况：细菌性鼻窦炎的同时打喷嚏、流鼻涕，鼻子极痒，考虑合并了过敏因素，2 岁以上可在抗生素的基础上加用糖皮质激素喷鼻。

❸ 鼻用减充血剂

药名：盐酸赛洛唑啉（诺通）、盐酸羟甲唑啉喷雾剂（达芬霖）
适用月龄：
- 诺通：3 岁及以内禁用，4~6 岁在医生指导下用。
- 达芬霖：2 岁以内禁用，2~6 岁在医生指导下用。

注意事项：
- 连续服用不能超过 7 天，否则会引起反跳性鼻充血。
- 禁用萘甲唑啉喷剂。

－ 慢性鼻窦炎 －

❶ 抗生素

药名：阿莫西林克拉维酸钾、头孢类抗生素等
适用情况：细菌性鼻窦炎确诊。
服用剂量：遵医嘱。
注意事项：遵医嘱，足剂量、足疗程使用。

❷ 糖皮质激素

药名：糠酸莫米松（内舒拿）、丙酸氟替卡松（辅舒良）
适用月龄：内舒拿适合 2 岁以上，辅舒良适合 4 岁以上。
使用剂量：按说明书使用。
注意事项：
喷之前要擤干净鼻涕，喷的时候要对准鼻腔正中部位，不能对着鼻内壁。

－ 过敏性鼻炎 －

❶ 糖皮质激素

药名：糠酸莫米松（内舒拿）、丙酸氟替卡松（辅舒良）
适用月龄：内舒拿适合 2 岁以上，辅舒良适合 4 岁以上。
使用剂量：按说明书使用。
- 情况较轻的过敏性鼻炎：建议连续使用至少 2 周。
- 持续性的过敏性鼻炎：建议至少使用 4 周。

❷ 抗组胺药

药名：盐酸西替利嗪滴剂（仙特明）、氯雷他定糖浆（开瑞坦）
适用月龄：仙特明适合 6 个月以上，开瑞坦适合 2 岁以上。
使用剂量：按照说明书服用。
西替利嗪滴剂说明书中只有 1 岁以上的服用剂量，建议：
- 1 岁以上：按照说明书推荐剂量服用。
- 6~12 个月：每天 1 次，每次服用剂量和 1 岁的孩子一样。

停药标准：至少服用 2 周，如果使用 1 周后没效果，考虑停止服用或换其他药。

注意事项：抗组胺药对鼻塞没什么效果。

❸ 白三烯受体拮抗剂

药名：孟鲁司特钠片（顺尔宁）

适用月龄：6 个月以上。

使用剂量：遵医嘱服用，通常建议疗程 1~3 个月。

— 腺样体肥大 —

用药方法：建议谨遵医嘱。

— 不推荐用药 —

❶ 擅自使用抗生素

比如头孢对细菌性鼻窦炎有效，但对过敏性鼻炎没用，所以要遵医嘱使用。

❷ 复方感冒药

- 这类药名一般包含"氨""酚""敏""麻""美"等字眼。
- 小儿氨酚黄那敏颗粒，如护彤、小快克。
- 小儿氨酚烷胺颗粒，如优卡丹、好娃娃。

❸ 中成药

比如清热去火的中成药。

肺炎、支气管炎

肺炎、支气管炎的常见症状

— 判断方法 —

患肺炎、支气管炎,除了有咳嗽、发热、鼻塞流涕等症状,还可以观察以下两点,用于和感冒做简单区分。

❶ 呼吸频率增快

- 小于 2 个月,呼吸频率 ≥ 60 次/分。
- 2 个月~1 岁,呼吸频率 ≥ 50 次/分。
- 1~5 岁,呼吸频率 ≥ 40 次/分。
- 大于 5 岁,呼吸频率 ≥ 30 次/分。

❷ 呼吸费力和"三凹征"

呼吸时,胸骨、锁骨及剑突下都会出现明显的凹陷。

肺炎、支气管炎的就医原则

— 及时就医 —

- 咳嗽严重或病程超过 1 周不见好转,超过 2 周没有痊愈。
- 出现喘息,呼吸费力,呼吸频率明显增快,咳嗽时有类似狗叫的声音、声音嘶哑。
- 先咳嗽后发热;或咳嗽的同时,退热后再次发热。
- 咳嗽的同时发热,且超过 3 天不能退热。
- 咳嗽的同时,状态很差,哭闹不止、精神萎靡、嗜睡。

— 病情记录 —

- 主要发病过程、呼吸频率、用药情况。
- 除了呼吸频率增快的其他症状及严重程度。
- 睡眠、食欲及精神状态如何。

肺炎、支气管炎的家庭护理

— 针对性护理 —

❶ 鼻塞流涕、打喷嚏

用生理海盐水冲洗鼻腔。

❷ 咳嗽

- 6 个月以内,适当喝一些母乳,以稀释痰液。
- 6 个月以上,除了母乳,可以适当多补充液体,比如粥、汤等。
- 大于 1 岁,可以尝试喝 2~5ml 的蜂蜜来止咳。

❸ 发热

穿薄厚合适且宽松的衣物,方便散热,以背部温热、不出汗为准。

— 常规护理 —

- 多休息,保证充足的睡眠。
- 吃一些易消化的、营养丰富的食物,少食多餐,不要强迫进食。
- 保持湿润气道,多补充液体;调节室内湿度在 55% 左右。
- 避免接触二手烟、三手烟。

肺炎、支气管炎的家庭用药

— 用药原则 —

- 肺炎可能需要用药。
- 大部分病毒性支气管炎可以自愈。

— 用药方法 —

1 对症用药

抗感染治疗

细菌性感染,大多选用头孢类抗生素;支原体感染,大多首选阿奇霉素等。

咳嗽伴有喘息

遵医嘱使用口服或雾化的平喘药物,比如口服丙卡特罗,雾化沙丁胺醇、特布他林,等等。

2 药物雾化

雾化剂选择

属于处方药,遵医嘱选择使用,常用的雾化用药有:
- 糖皮质激素类,比如常用的普米克令舒。
- 平喘药,常用的有沙丁胺醇(万托林)、特布他林(博利康尼)、复方异丙托溴铵(可必特)。

雾化器选择

推荐喷射式雾化器或振动筛孔雾化器。

雾化前准备

- 饭后1小时再进行雾化,以免诱发呕吐。
- 雾化前用清水给宝宝漱口,清除食物残渣等。
- 雾化前用清水洗脸,脸上不涂抹任何油性面霜。
- 每次雾化剂量为3~4ml,药量不足就用生理盐水补。
- 每次雾化时间以15分钟左右为宜。
- 雾化之后洗脸。

❸ 输液

适用情况:
病情严重,比如肺炎高热不退,或吃口服药之后情况仍不见好转。

药物选择:
最常用的是抗生素,严重的细菌性感染可能会注射青霉素类、头孢类抗生素;严重的支原体感染会注射阿奇霉素等。

注意事项:
根据实际情况,在控制感染的同时可能加用激素类制剂。

― 不推荐用药 ―

❶ 中枢性镇咳药

右美沙芬、福尔可定、可待因等。

❷ 中药类注射剂

安全性和有效性没有保证。

❸ 滥用抗生素

大部分支气管炎都是病毒性的,而抗生素是针对细菌感染的。

流感

流感的常见症状

— 典型症状 —

- 开始 1~2 天只发热,可能没有咳嗽、流鼻涕等症状,一两天后,感冒症状慢慢加重,精神状态很差。
- 小于 3 岁:
  忽然发热,腋温迅速超过 39℃,刚开始打冷战、发抖;高烧时精神状态差,食欲、睡眠受影响。
- 大于 3 岁:
  忽然发热,腋温迅速超过 39℃,刚开始怕冷,可能伴有肚子疼、嗓子疼、浑身无力的症状。
- 通过流感病毒筛查可确诊。

流感的就医原则

— 及时就医 —

- 发热温度较高,精神状态不好,尤其是在流感高发季或接触过流感患者。
- 确诊流感后,使用抗流感病毒药物 2 天左右不见好转,甚至加重。
- 治疗期间出现其他呼吸道并发症,如喘息、呼吸困难、声音嘶哑等。
- 出现任何其他心里没底儿的症状。

— 病情记录 —

- 开始发热时间、最高温度及用药情况。
- 除了感冒常见症状的其他症状及严重程度。
- 睡眠、食欲及精神状态如何。
- 生病前是否接触过有类似症状的人。
- 有无注射过流感疫苗。

流感的家庭护理

— 常规护理 —

- 家里注意通风,或使用空气净化器。
- 室内湿度调整到 55% 左右。
- 多喝水,预防脱水。
- 饮食易消化、顺口。
- 用正确的方法勤洗手。

— 特殊护理:做好隔离 —

- 不去人多的地方,多休息。
- 教会孩子打喷嚏时,用毛巾捂住口鼻。
- 隔离孩子的接触物品,如洗漱用品、餐具等。
- 家人和孩子都佩戴口罩。
- 由固定的家人来照顾孩子。

流感的家庭用药

— 推荐用药 —

❶ 奥司他韦

药名：达菲、可威

服用时间：发热 48 个小时内效果最佳。

服用剂量：属于处方药，遵医嘱服用。

一般14 天以上、1 岁以下，每次每千克体重 3mg。

1 岁及以上按照体重调整剂量——

- 小于 15 千克，每次 30 mg。
- 15～23 千克，每次 45 mg。
- 23～40 千克，每次 60 mg。
- 大于 40 千克，每次 75 mg。

服用疗程：每 12 个小时一次，共吃 5 天。

注意事项：

- 吃药前不要吃太饱或者饿肚子。
- 不推荐常规用奥司他韦来预防流感。
- 对普通感冒、手足口病、疱疹性咽峡炎等无效。

❷ 对乙酰氨基酚

药名：泰诺林、百服宁

适用月龄：3 个月以上。

服用剂量：

- 按照实际体重计算，一般每次每千克体重 10～15mg。
- 两次给药间隔不小于 4 小时，24 小时内使用次数不多于 5 次。

注意事项：

- 不要使用过量，会有损伤肝脏的风险。
- 肝肾功能不全、蚕豆病、对阿司匹林过敏需谨慎使用。

❸ 布洛芬

药名：美林、托恩、安瑞克

适用月龄：6 个月以上。

服用剂量：
- 按照实际体重计算，一般每次每千克体重 5~10mg。
- 两次给药间隔不小于 6 小时，24 小时内服药次数不超过 4 次。

停药标准：开始退热，或腋温控制在 38.5℃ 以下且精神状态良好。

注意事项：
- 肾功能不全、心功能不全、高血压及消化道溃疡要慎用。
- 同样的药品只保留一种规格，以防弄错服用剂量。

– 不推荐用药 –

❶ 复方感冒药

- 这类药名一般包含"氨""酚""敏""麻""美"等字眼。
- 小儿氨酚黄那敏颗粒，如护彤、小快克。
- 小儿氨酚烷胺颗粒，如优卡丹、好娃娃。

❷ 中成药

抗感颗粒、柴桂退热颗粒、小儿解感口服液、抗病毒口服液、蒲地蓝、健儿渭解液、小柴胡颗粒等。

❸ 抗病毒药

利巴韦林、干扰素等。

– 流感疫苗接种 –

适用月龄：6 月龄以上。

接种时间：流感高发季之前，大概是每年秋季，即10月左右。

- 接种次数：
  6 个月到 8 周岁，若没接种过，第一次要一年接种两次，之后
- 每年接种一次。
  8 周岁以上，不管有没有接种过，每年都要接种一次。

具体以预防接种部门要求为准。

接种禁忌：有严重发热、腹泻、咳嗽等急性病症。

痱子

痱子的常见症状

— 常见症状 —

- 白痱：透明小水疱，没有炎症。
- 红痱：红色小疙瘩，周围有炎症。
- 脓痱：带白头的红色脓包。

痱子的就医原则

— 及时就医 —

- 常规护理和环境温度下降之后不见好转，甚至有加重趋势。
- 出痱子的同时，皮肤表面出现化脓、破溃等严重症状。
- 出痱子的同时，还有发热、精神状态不好、异常哭闹等其他症状。

— 病情记录 —

- 不同严重程度的情况下，留取典型部位的照片。
- 护理过程、用药时间和药物的品种。

痱子的家庭护理

— 常规护理 —

1. 保证环境凉爽,室内温度控制在 25℃ 左右。
2. 温度高的时候,尽量减少活动。
3. 发热要及时退热,千万不要捂汗。
4. 选择纯棉、轻薄、透气的衣服,帮助散热。
5. 掌握正确的洗澡方式,水温保持在 30~35℃。
6. 严格防晒,出门涂抹防晒霜或带遮阳帽、遮阳伞。

- 6 个月至 2 岁选择防晒指数 SPF 15~30 的。
- 2 岁以上选择防晒指数 SPF 30 左右的。
- 如果出汗多,或去紫外线比较强烈的户外,就选择防晒指数为 SPF 50 的产品,但要注意及时清洗。

痱子的家庭用药

— 推荐用药 —

1. **炉甘石洗剂**

   适用情况:
   止痒效果好,安全,极少会引起过敏。
   使用剂量:
   没有严格的次数和剂量要求,如果痒得厉害,可以多涂几次。
   注意事项:
   - 涂抹时尽量避开眼睛周围。
   - 如果原本有湿疹,在长了痱子后,不适合用炉甘石洗剂,因为干燥会加重湿疹。
   - 皮肤表面有破损的地方不适合涂抹。

❷ 抗组胺药

药名:盐酸西替利嗪滴剂(仙特明)、氯雷他定糖浆(开瑞坦)
适用月龄:
仙特明适合 6 个月以上,开瑞坦适合 2 岁以上。
服用剂量:
按照说明书的剂量要求服用。
西替利嗪滴剂说明书中只有 1 岁以上的服用剂量,建议:
- 1 岁以上:按照说明书推荐剂量服用。
- 6~12 个月:每天 1 次,每次服用剂量和 1 岁的孩子一样。

停药标准:至少服用 2 周,若使用 1 周后没效果,可以考虑停药或换其他药。

❸ 抗生素

药名:夫西地酸、莫匹罗星等
适用情况: 确定有细菌感染的情况。

— 不推荐用药 —

❶ 痱子粉、玉米粉等粉类制品

涂在皮肤表面,会影响散热,痱子反而痊愈得更慢。

❷ 含有酒精的花露水

酒精被吸收后,可能会对健康产生影响。

❸ 宣称不含激素的海外产品

如 After Bite、无比滴、桃子水等。

❹ 用来泡澡的各种产品

比如金樱花、艾叶、茶叶、十滴水等。

荨麻疹

荨麻疹的常见症状

- 发病原因 -

- 过敏。
- 病毒、细菌、寄生虫感染。
- 蚊虫叮咬。

- 常见症状 -

- 扁平疙瘩,像蚊子包,可能连成片;大片淡红色水肿性的斑片。
- 扁平疙瘩此起彼伏,游走不定,消退后一般不留痕迹。
- 发疹时瘙痒明显,傍晚和夜间加重,极少数不会痒。

荨麻疹的就医原则

- 及时就医 -

- 精神状态很糟糕。
- 出现呼吸困难、咽喉发紧、咳嗽喘息等情况。
- 荨麻疹出现的同时伴随发热或其他严重症状。
- 用药后不见缓解,甚至加重。
- 出现任何其他让家长心里没底儿的症状。

- 病情记录 -

- 发病前是否有过发热、感冒、咳嗽、腹泻或者疫苗接种的情况。
- 病程、发作频率、皮疹持续时间、昼夜发作规律、风团大小及数目、风团形状及分布等。
- 是否合并血管性水肿,是否伴随瘙痒或疼痛。
- 身上的红疙瘩消退后是否有色素沉着。
- 是否有家族过敏史,孩子既往病史、用药史、治疗反应等。
- 孩子的饮食日记,包括所有入口的东西。

荨麻疹的家庭护理

❶ 寻找并远离过敏原

- 记录日常饮食及接触物品。
- 关注食物成分表。
- 皮疹发作期,不吃平时没吃过的食物。

❷ 注意清洁,选择宽松透气的衣服

- 衣物:选择纯棉、宽松、透气的贴身衣物。
- 洗护用品:患病期间不用以前没用过的洗衣液、洗发水、沐浴露、润肤剂等。
- 家庭卫生:注意及时除尘、除螨。

❸ 不要让孩子挠痒

- 经常修剪指甲并磨光滑。
- 不要做剧烈运动,避免情绪激动。
- 降低室温,用冷水擦洗或冷敷缓解瘙痒。

荨麻疹的家庭用药

— 急性荨麻疹 —

用药原则:对症处理——止痒。

❶ 抗组胺药

药名:盐酸西替利嗪滴剂(仙特明)、氯雷他定糖浆(开瑞坦)
适用月龄:仙特明适合 6 个月以上,开瑞坦适合 2 岁以上。
服用剂量:按照说明书的剂量要求服用。
西替利嗪滴剂说明书中只有 1 岁以上的服用剂量,建议:
- 1 岁以上:按照说明书推荐剂量服用。
- 6~12 个月:每天 1 次,每次服用剂量和 1 岁的孩子一样。

停药标准:症状消失后可考虑停药。

❷ 炉甘石洗剂

按说明书使用。

－ 慢性荨麻疹 －

❶ 抗组胺药

药名：盐酸西替利嗪滴剂（仙特明）、氯雷他定糖浆（开瑞坦）
适用月龄：仙特明适合 6 个月以上，开瑞坦适合 2 岁以上。
服用剂量：按说明书使用。
注意事项：如果 1~2 周没有改善，医生一般会增加药物剂量，或替换别的抗过敏药。

❷ 白三烯受体拮抗剂

药名：孟鲁司特钠片（顺尔宁）
服用剂量：遵医嘱服用。
停药标准：推荐在症状控制良好后，遵医嘱停药。

－ 不推荐用药 －

❶ 偏方治疗

淘米水洗澡、芦荟涂抹，金银花、菊花、艾草、无花果等各种植物叶子煮水擦洗。

❷ 长期使用激素

类固醇药物存在副作用，不建议擅自使用。

便秘

便秘的常见症状

— 便秘判断 —

以下 4 点满足 2 点,才可能是便秘:
- 大便干硬。
- 排便疼痛、排便费力。
- 超过 3 天没有大便,每周排便 ≤ 2 次。
- 有过大量粪便潴留。

便秘的就医原则

— 及时就医 —

- 便秘期间,出现剧烈腹痛。
- 便秘期间,出现呕吐或呕吐物呈绿色。
- 便秘期间,大便带血,或者肛门出血量较大。
- 不到 4 个月的宝宝出现便秘。
- 经饮食和药物干预后,仍然不见好转的便秘。

— 病情记录 —

- 开始发生便秘的时间、大便频率、使用过哪些药物等。
- 除了便秘的其他症状、严重程度及发作频率。
- 详细记录日常饮食的品种及数量。
- 近期是否存在心理上的波动。
- 是否有强迫进食或强迫排便的情况。

便秘的家庭护理

— 常规护理 —

1 多吃富含纤维素的食物

- 豆类：豌豆、芸豆、扁豆等。
- 蔬菜：西蓝花、芦笋、空心菜、红薯、黑木耳等。
- 水果：火龙果、西梅、杏、梨、牛油果等。
- 杂粮杂豆：全麦面包、杂粮粥等。

2 及时清洁肛门

每次大便完，用柔软的卫生纸或清水，及时将肛门擦洗干净。

3 适当运动

多运动，促进胃肠蠕动，改善便秘症状。

4 建立规律的排便习惯

早饭后进行 5～10 分钟的排便练习。

便秘的家庭用药

— 推荐用药 —

❶ 开塞露

适用情况：大便干硬,排便困难,甚至出现了肛裂、大便带血,等等。
适用年龄：各个年龄段。
使用剂量：
- 大于 2 岁,每次 10ml。
- 小于 2 岁,适当减少,不用过分纠结剂量。

使用姿势：
侧卧,先挤出少量药液,润滑管口和肛门周围。把杆部缓慢全部插入肛门,把药液挤入。在肛门处垫上纸巾。
注意事项：勿常规、长期使用,以免造成依赖。

❷ 乳果糖口服溶液

药名：杜密克、利动
适用情况：持续便秘超过 1 周,通过家庭护理改善不明显。
使用剂量：
- 6 个月以内：遵医嘱。
- 6 个月~1 岁：每天 5ml。
- 1~6 岁：每天 5~10ml。
- 7~14 岁：每天 15ml。
- 如效果不好,可遵医嘱逐渐加量。

服用时间：建议在早饭时服用一次。
停药标准：能够做到每天至少排一次软便,就可以考虑停药。
注意事项：
- 使用两天三后无任何改善,建议及时就医。
- 如有腹泻,应立即减量；如果腹泻持续,则应停药。

使用禁忌：
半乳糖血症、肠梗阻、急性腹痛及对乳果糖过敏应禁止使用。

— 不推荐用药 —

❶ "泻火""清热"的药
   如健儿清洁液。

❷ "消食"的药
   如小儿七星茶、小儿消积止咳口服液。

❸ "通便润肠"的药
   如麻仁润肠丸。

❹ 益生菌
   效果不明,缺乏证据,不应作为治疗便秘的首选药物或制剂。

急性中耳炎

急性中耳炎的常见症状

— 判断方法 —

中耳炎在 6 月龄到 18 月龄期间更常见一些,等到 6 岁左右,急性中耳炎的发病率又会小幅增高。

- 语言能力较好的宝宝会明确表述耳朵痛、不舒服;不会说话的宝宝常用手拉扯自己的耳朵,烦躁痛苦。
- 耳朵里有液体或者脓状物流出,或者耳朵有明显的异味。
- 觉得孩子的听力在短期内忽然下降。
- 约 1/3~2/3 的患急性中耳炎的孩子会出现发热情况,不过一般不会超过 40℃。

急性中耳炎的就医原则

— 及时就医 —

只要出现以上 4 种情况,就应该及时去医院检查确认。

— 病情记录 —

- 孩子耳部症状的发生时间、发作频率及严重程度。
- 近期是否有过感冒、鼻塞、流鼻涕等症状。
- 是否有中耳炎病史。
- 近期使用过哪些药物,尤其是抗生素类的药物。

急性中耳炎的家庭护理

— 常规护理 —

① 规范擤鼻涕的姿势

正确的姿势是按住一个鼻孔擤鼻涕。

② 规范喂奶的姿势

- 如果是用奶瓶喂宝宝,不要躺喂,让孩子抬起上半身喝奶。
- 如果是母乳喂养,可选择坐喂。

③ 避免上呼吸道感染

做好感冒等疾病的预防,也能降低发生中耳炎的风险。

④ 拒绝二手烟

二手烟会增加宝宝得中耳炎的概率。

急性中耳炎的家庭用药

— 用药原则 —

- 不到 2 个月的宝宝,建议及时入院,不建议在家护理。
- 6 月龄到 2 岁的宝宝,如果确诊为急性中耳炎,可以尽早用抗生素,必要时使用镇痛药。
- 2 岁以上的宝宝,耳朵已经有流脓、流水等症状,耳痛持续超过 48 个小时,或者过去的 48 个小时内有超过 39℃ 的发热症状;孩子有感染、中毒的表现,应该使用抗生素。
- 中耳炎相关症状较轻,但观察了 2~3 天后不见缓解,就要考虑用药。
- 确诊为中耳炎后,如不方便再次就医评估,可以早用抗生素。

― 推荐用药 ―

❶ 抗生素

药名:阿莫西林、阿莫西林克拉维酸钾

阿莫西林的使用剂量:
- 每12个小时吃一次,每次每千克体重45mg。
- 2岁以下宝宝在治疗有效的情况下,连用10天;2岁以上的宝宝,疗程一般为5~7天。

注意事项:
- 1个月内用过头孢类药物或阿莫西林,或者合并化脓性结膜炎,可换成阿莫西林克拉维酸钾。
- 如果对青霉素严重过敏,可用阿奇霉素。
- 如中耳炎伴随鼓膜穿孔,可遵医嘱使用左氧氟沙星滴耳液。

❷ 镇痛药物

药名:布洛芬和对乙酰氨基酚。

使用用法:可参考"发热"章节的相关内容。

― 不推荐用药 ―

- 不要服用抗组胺药和减充血剂,因为这有可能延长中耳积液的持续时间。
- 除了提及的推荐用药,其他所谓的专门治疗中耳炎的药物,不要轻易相信。

手足口病

手足口病的常见症状

— 常见症状 —

1 发热

腋温一般在 39℃ 以下,如果超过 39℃,建议及时看医生。

2 口内疱疹

发热的同时,喉咙、口唇内侧,甚至舌头会出现疱疹。

3 皮疹

通常在手、脚、屁股上有皮疹。

手足口病的就医原则

— 及时就医 —

- 持续高热（>39℃）超过 24 个小时,或吃了退热药但效果不明显。
- 咽痛导致吃不进任何东西。
- 呼吸突然增快或减慢。
- 精神状态差,嗜睡、黏人、烦躁不安。
- 出现肢体抖动、呕吐、抽搐、无力、心跳明显增快的症状。
- 手脚发凉、面色苍白、皮肤出现花纹等。

— 病情记录 —

- 提前打电话咨询附近医院能否收治。
- 开始出现不适的时间。
- 症状、严重程度及持续时间。
- 服药情况及用药效果。

手足口病的家庭护理

— 常规护理 —

❶ 观察病情变化

包括体温、精神状态、心率、呼吸、手脚是否冰凉等。

❷ 减少病毒传染机会

- 做好隔离,使用单独的洗漱用品、餐具等。
- 多给房间通风。

❸ 保持环境舒适

一般来说,18~25 ℃ 的室内温度、50%~60% 的室内湿度,会比较合适。

❹ 日常使用物品要注意消毒

- 不要和其他人共用毛巾或餐具。
- 餐具、奶瓶煮沸消毒。
- 衣物、被褥使用高温清洗。
- 地板、玩具、马桶用 84 消毒液擦洗。

❺ 饮食避免油腻

饮食清淡、好吞咽、不油腻。

手足口病的家庭用药

— 用药原则 —

- 自限性疾病,不用药也能好。
- 对症用药,可以缓解不适。

— 皮疹用药 —

0.5%的碘伏
- 适用情况:如果疱疹破了,可用碘伏预防皮肤感染。

— 发热用药 —

❶ 对乙酰氨基酚

药名:泰诺林、百服宁
适用月龄:3个月以上。
服用剂量:
- 按照实际体重计算,一般每次每千克体重10~15mg。
- 两次给药间隔不小于4小时,24小时内使用次数不多于5次。

注意事项:
- 不要使用过量,会有损伤肝脏的风险。
- 肝肾功能不全、蚕豆病、对阿司匹林过敏需谨慎使用。

❷ 布洛芬

药名:美林、托恩、安瑞克
适用月龄:6个月以上。
服用剂量:
- 按照实际体重计算,一般每次每千克体重5~10mg。
- 两次给药间隔不小于6小时,24小时内服药次数不超过4次。

注意事项:
- 肾功能不全、心功能不全、高血压及消化道溃疡要慎用。
- 同样的药品只保留一种规格,以防弄错服用剂量。

— 口腔疱疹用药 —

- 口腔靠近外侧长了溃疡,可涂抹鱼肝油来缓解疼痛。
- 靠近咽部的溃疡,位置比较深,喷剂镇痛不明显。

— 不推荐用药 —

- 不要服用利巴韦林、干扰素、抗病毒口服液等抗病毒药物。
- 各种所谓缓解咽痛的喷剂、增强抵抗力的产品,也不推荐。

幼儿急疹

幼儿急疹的常见症状

― 常见症状 ―

多发于 3 岁以内,尤其是 6~15 月龄,春天更高发。

❶ 突发高热

大多会烧到 39~41℃,但一般精神状态好,会持续 3 天左右。

❷ 皮肤红疹

- 皮疹在退热后 1~2 天出现。
- 圆形或椭圆形、大小不一的玫瑰红色斑片或斑疹,按压后可褪色。
- 常见于胸腹部、后背、脖子、耳后和大腿,很少在手脚、前臂或小腿出现。
- 不痛不痒,通常会在 1~2 天后消退。

幼儿急疹的就医原则

— 及时就医 —

- 发热超过 3 整天仍不退热。
- 热退出疹子之后,又再次发热。
- 3 月龄以内孩子出现发热。
- 发热的同时伴随惊厥,时间超过5分钟或反复发作。
- 发热的同时精神状态不好,食欲差、嗜睡等。

— 病情记录 —

- 开始发热的时间、最高体温。
- 服用退热药物的时间。
- 除了发热的其他症状及严重程度。
- 睡眠、食欲及精神状态如何。
- 之前是否得过幼儿急疹。

幼儿急疹的家庭护理

— 护理原则 —

- 可自愈,对症治疗为主。
- 发热不一定要马上使用退热药物。
- 退热之后出疹,不需要额外用药。

— 常规护理 —

❶ 及时补充液体,避免脱水

- 6 个月以内:多吃一些母乳。
- 6~12 个月:在平时饮奶量的基础上适当增加一些温开水。
- 1 岁以上:如果不爱喝白开水,可以增加一些稀释的果汁。

❷ 不要穿得太厚

- 以后背温热、不出汗为准,选择宽松舒服的衣服。
- 不要用酒精擦浴、捂汗等方法退热。

幼儿急疹的家庭用药

－ 推荐用药 －

❶ 布洛芬

药名：美林、托恩、安瑞克

适用情况：幼儿急疹导致的发热，考虑首选布洛芬。

适用年龄：6 个月以上。

服用剂量：
- 按照实际体重计算，一般每次每千克体重 5~10mg。
- 两次给药间隔不小于 6 小时，24 小时内服药次数不超过 4 次。

停药标准：

开始退热，或腋温控制在 38.5℃ 以下且精神状态良好。

注意事项：
- 肾功能不全、心功能不全、高血压及消化道溃疡要慎用。
- 同样药品只保留一种规格，以防弄错服用剂量。

❷ 对乙酰氨基酚

药名：泰诺林、百服宁

适用情况：

腋温超过 38.5℃，或发热没超过 38.5℃但精神状态不好。

适用月龄：3 个月以上。

服用剂量：
- 按照实际体重计算，一般每次每千克体重 10~15mg。
- 两次给药间隔不小于 4 小时，24 小时内使用次数不多于 5 次。

停药标准：开始退热，或腋温控制在 38.5℃ 以下且精神状态良好。

注意事项：
- 不要使用过量，会有损伤的肝脏风险。
- 肝肾功能不全、蚕豆病、对阿司匹林过敏需谨慎使用。

体检清单

3 岁前常规体检清单 149

不推荐体检清单 154

3 岁前常规体检清单

| 检查时间 | 检查项目 |

出生时
第1次

检查心率、呼吸、皮肤
检查宝宝对刺激的反应,查看生命体征是否稳定,是否需要进入新生儿科接受进一步的诊治。

测量体重、身高、头围、囟门大小
检查是否存在先天性痣、色斑、血管瘤等。

出生 3 天后
第2次

体格检查(同第 1 次)

新生儿听力筛查
筛查是否存在先天性耳聋。

采集新生儿脚底血
筛查先天性代谢性疾病。

检测新生儿黄疸数值
测量黄疸水平。

3 岁前常规体检清单

检查时间	检查项目

1 个月
第3次

既往史检查
检查第几胎,足月还是早产,以及黄疸、母乳喂养的情况。

家族病史检查
检查家族中是否有高血压、心脏病、癫痫等患病家属,评估是否有患某种疾病的危险因素。

社交能力评估
此时宝宝应该会简单地回应人,冲人微笑,能稍微趴一会儿,手脚可以舞动。

---

2 个月
第4次

腿纹、臀纹、髋关节检查
筛查是否存在发育性髋关节脱位。

各项能力发育检测
语言能力:会发简单声音,能跟人交流,等等。
大运动能力:会抬头,头部竖立时间较前一个月长,四肢可自由活动。
精细运动能力:手可以自由伸展开或者握拳,可以在胸前玩手,等等。
视觉发育:追视能力较之前更强,眼睛可以追随物体移动,开始对鲜艳颜色感兴趣。
听觉能力:会找声源,听音乐时能安静,等等。
社交能力:能被逗笑,能通过嗅觉、视觉、听觉辨认母亲。

3 岁前常规体检清单

| 检查时间 | 检查项目 |

4 个月
第5次

各项能力发育检测
言语能力：会咿咿呀呀，与人交流。
大运动能力：抬头稳，俯卧时可以用前臂支起上半身；能从仰卧位侧翻到侧卧位，部分宝宝可以翻身到俯卧位。
精细运动能力：会从成人手中拿玩具，并喜欢将其放入口中，会注视自己的手，等等。
视觉发育：能盯着物品或者人看，逐渐形成视觉条件反射，比如看到奶瓶就会伸手要等。
听觉能力：听到声音会转头去寻找，听到音乐会有身体的反复运动，但身体的律动还不协调。
社交能力：能被逗笑，会向父母伸手要抱，等等。

6 个月
第6次

血常规
了解是否存在贫血，以及贫血的类型和程度。

各项能力发育检测
言语能力：会无意识地发出"ma、pa、ba"之类的音节，会用不同的声音表示不同的意思。
大运动能力：可以独坐片刻，大人扶着站的时候会蹦跳，会有爬的动作。
精细运动能力：会主动去抓悬挂的玩具，手中可以抓握玩具一会儿，可以两手交换玩具，等等。
解决问题的能力：可以自己把奶瓶嘴放入嘴里，等等。
社交能力：开始能区分陌生人，能理解大人说话的态度，感受到大人的情绪变化，等等。

3 岁前常规体检清单

| 检查时间 | 检查项目 |

9 个月
第7次

常规身体检查

各项能力发育的检测
言语能力：懂"不"，懂一些简单词的含义，可以将一些简单词跟动作联系起来，等等。
大运动能力：坐得稳，能爬，自己能扶着站，有些宝宝可以被扶着走两步，等等。
精细运动能力：会抽纸巾，手指更灵活，学会用拇指，会将手指放进孔状物，等等。
认知能力：会照镜子，开始认识自己，会观察周围事物，等等。
社交能力：社交能力增强，会一些普通社交，比如拍手表示"欢迎"，挥手表示"再见"，等等。

12个月
第8次

口腔检查
检查出牙情况。

大便常规，尿常规

各项能力发育的检测
言语能力：能听明白较多话，会用自己的语言表达，有些宝宝可以有意识地说些简单词。
大运动能力：能扶栏站立，大多数宝宝可以自己独站，可以扶着物品迈步。
精细运动能力：手会翻书或者摆弄玩具，会盖盖子，等等。
解决问题的能力：穿衣、脱衣时会配合家长。
社交能力：会熟练表现简单的社交礼仪，比如"再见，欢迎"，开始有自我意识，会表示"不"，等等。
认知能力：会指自己的五官，会指认常见的生活用品，等等。

3 岁前常规体检清单

检查时间	检查项目

18 个月
第9次

出牙情况检查
一岁半的宝宝大多能萌出 12~14 颗。

各项能力发育的检测
言语能力：会说比较多的单词，能执行简单的指令，能说出自己的小名、自己的要求和一些实物的名称。

大运动能力：走得比较稳，能自由下蹲、起立，接着再走，很少摔跤，可抬脚踢球，等等。

精细运动能力：会用笔，能模仿画线条，可以准确地将小物品放入瓶内，等等。

解决问题的能力：会自己脱去简单的衣服，等等。

社交能力：可以跟小朋友一起分享、玩耍，能清楚地意识到自己的存在，开始有恐惧感，比如对黑暗或者动物的恐惧等。

认知能力：开始会指认一些实物的图片。

---

2 周岁
第10次

口腔检查
乳牙基本出齐，有 18~20 颗。这时需要关注宝宝是否有龋齿。

生殖器检查
男宝注意是否有包茎或包皮过长等情况。

各项能力发育的检测
言语能力：喜欢说话，能说由 3 个词组成的简单句，能和大人简单对话，等等。

大运动能力：跑得稳，很少摔跤，可以自己上下楼梯，学习跳。

精细运动能力：能逐页翻书，会开门，能搭 7~8 层积木，等等。

解决问题的能力：会穿简单的衣服，大小便前自己会表达出来，等等。

社交能力：能明白赞扬、批评，喜欢赞扬。能明白初步的是非观念等。

认知能力：开始能分辨颜色，手部能模仿大人做一些事情，等等。

不推荐体检清单

项目名称	不推荐理由
骨密度检测	儿童的骨密度缺乏参考标准,临床上一直在拿成人的标准来判断孩子的骨密度。 儿童的骨密度本身比成年人的低,且处在快速生长发育期的孩子测出来的骨密度自然会低。骨密度检查结果低或高,不能反映宝宝是否缺钙。
幽门螺旋杆菌检测	幽门螺旋杆菌检测不作为宝宝的常规检查,是国内的共识。幽门螺旋杆菌很少会在儿童期引发症状。即便孩子感染了,没有引起难受的症状,一般也不用治疗。 比起做检查,家长在日常生活中更应该做到:不嘴对嘴地给孩子喂食,吃饭的时候尽量分餐,不给孩子喝生水、吃生食。
过敏原检测	通过皮肤或血液检测过敏原,容易受测试环境干扰,导致结果不准确,发生"假阳性"或"假阴性"。 假阳性:可能孩子明明不对某种食物过敏,检测结果却提示过敏了。假阴性:明明孩子对某种食物过敏,结果却提示不过敏。 要确诊孩子对某样东西过敏,就需要进行食物记录,严格回避规定食物,然后进行口服激发试验。简单凭借过敏原检测的结果,回避添加某些食物,可能导致孩子营养摄入不均。

不推荐体检清单

项目名称	不推荐理由
微量元素检测	不管是测血液、夹手指还是测头发的方式，都存在很大的不准确性，都不能反映孩子是否缺乏微量元素。目前，微量元素检测只适用于研究目的及对人群的营养状况监测，不能作为个体微量元素缺乏与否的判断。 2013 年，中华人民共和国原国家卫生和计划生育委员会正式叫停对儿童展开的微量元素检测，如在普通体检、就医、打疫苗时，让孩子打包做微量元素检测，则属于违规操作。
乙肝检测	2010 年，中华人民共和国人力资源和社会保障部发布通知，明确取消入学（包括入园）体检中的乙肝检测项目。 日常工作、学习或生活接触，不会造成乙肝病毒传播，其危险性也很小。乙肝疫苗安全可靠，接种后完全没有必要另行进行乙肝检测。

疫苗清单

免费疫苗接种时间表 159

自费疫苗概况 160

疫苗接种注意事项 163

免费疫苗接种时间表

接种时间	需要接种的疫苗
出生 24 个小时内	卡介苗 乙肝疫苗（第一针）
一月龄	乙肝疫苗（第二针）
二月龄	脊髓灰质炎灭活疫苗（第一次，针剂）
三月龄	脊髓灰质炎灭活疫苗（第二次，针剂） 百白破疫苗（第一针）
四月龄	脊髓灰质炎减毒活疫苗（第三次，口服） 百白破疫苗（第二针）
五月龄	百白破疫苗（第三针）
六月龄	乙肝疫苗（第三针） 流脑 A 群多糖疫苗（第一针）
八月龄	麻腮风疫苗（第一针） 乙脑疫苗（第一针）
九月龄	流脑 A 群多糖疫苗（第二针）
一岁半	百白破疫苗（第四针） 麻腮风疫苗（第二针） 甲肝减毒活疫苗
两岁	乙脑疫苗（第二针）
三岁	流脑 AC 群多糖疫苗（第三针）
四岁	脊髓灰质炎减毒活疫苗（第四次，口服）
六岁	白破疫苗 流脑 AC 群多糖疫苗（第四针）

（部分省市儿童可免费接种水痘疫苗、甲肝灭活疫苗和AC群结合疫苗。以当地疫苗接种方案为准。）

自费疫苗概况

❶ 肺炎 13 价结合疫苗

- 覆盖 13 种肺炎球菌，主要针对 2 岁以内儿童。
- 一共接种 4 针。在满 1.5 月龄到满 7 月龄这段时间，完成基础 3 针接种，其中每两针间隔 1~2 个月。然后在 12~15 月龄接种加强 1 针。
- 国产品牌的肺炎13价结合疫苗适用年龄段为1.5月龄至15月龄。具体接种程序需参考上市后的疫苗说明书。

❷ 肺炎 23 价多糖疫苗

2 岁以上的儿童，如果有慢性基础性疾病，体质比较弱，免疫功能比较差，可以选择。

❸ 五联疫苗

- 预防脊髓灰质炎、百白破、b 型流感嗜血杆菌。
- 宝宝 2 月龄、3 月龄、4 月龄和 18 月龄，共接种 4 针。
- 疫苗短缺时，可以使用四联疫苗 + 脊髓灰质炎疫苗或者单独成分的疫苗来代替。

❹ 四联疫苗

- 预防百白破和 b 型流感嗜血杆菌。
- 宝宝 3 月龄、4 月龄、5 月龄和 18 月龄分别接种 1 针，共 4 针。

❺ 流脑 AC 结合 –Hib 联合疫苗

- 预防流行性脑脊髓膜炎和流感嗜血杆菌感染。
- 如果宝宝在 2~5 月龄开始接种，则需接种 3 针；18 月龄时，加强接种 1 针单独的流感嗜血杆菌疫苗。
- 如果宝宝在 6~11 月龄开始接种，则需要接种 2 针；18 月龄时，加强接种 1 针单独的流感嗜血杆菌疫苗。
- 如果超过 12 月龄才开始接种，只需要接种 1 针，同时还需要补接种 1 剂流脑疫苗。

6 流感疫苗

- 预防流感。
- 目前我国内地，6月龄至3岁使用儿童剂型（0.25ml），3岁以上使用成人剂型（0.5ml）。
- 每年流感流行季到来前接种。

7 流感嗜血杆菌疫苗

- 预防的是流感嗜血杆菌感染。
- 2~5月龄开始接种，基础免疫为3针，每两针间隔1~2个月，18月龄加强1针。
- 6~11月龄开始接种，基础免疫接种2针，每两针间隔1~2个月，18月龄再加强1针。
- 12月龄起开始接种，只需接种1针，也不需要加强接种。

8 自费的流脑疫苗

流脑疫苗建议全部用自费疫苗替代免费疫苗。更推荐香港地区的流脑4价结合疫苗。

9 EV71手足口疫苗

- 预防由EV71病毒引起的手足口病。
- 6月龄以上的宝宝越早接种越好，鼓励在12月龄前完成接种程序。

10 水痘疫苗

- 预防水痘。
- 1周岁以后接种1针水痘疫苗。部分地区允许宝宝4周岁以后再加强接种1针。

⑪ 腮腺炎疫苗

- 预防腮腺炎。8月龄以后接种。
- 如果孩子仅接种过1剂麻腮风疫苗,建议再接种1剂单独的腮腺炎疫苗。
- 如果所在地区只允许接种1剂麻腮风疫苗,建议在4~6岁再单独接种1剂腮腺炎疫苗。

⑫ 轮状病毒疫苗

- 预防轮状病毒腹泻。
- 进口品牌接种程序:一共3剂,宝宝出生后第6~12周可以口服第一剂,间隔4~10周口服下一剂,第三剂服用最好不晚于出生后32周。国产品牌接种程序:2月龄可以口服第1剂,4岁之前每年口服1剂。

疫苗接种注意事项

1. 疫苗是预防疾病发生的最好方法,每个宝宝出生后都要接种疫苗。

2. 多种疫苗可以同时接种,但各地实际要求可能不同。

3. 疫苗接种可以适当推迟,但是不可以提前。

4. 如果宝宝处于疾病的急性发作期,建议暂缓接种。

5. 对疫苗的任何成分有严重过敏,或出现过严重不良反应,可不再接种该疫苗。

6. 长期全身性使用激素类或免疫抑制类药品,需遵医嘱推迟接种。

7. 宝宝使用常用药(如退热药、抗过敏药、抗生素)的情况下,可以正常接种。